黄帝祭祀大典图志

（1980～2007）

陕西省公祭黄帝陵工作委员会办公室　编

中国文史出版社

图书在版编目（CIP）数据

黄帝祭祀大典图志：1980～2007 / 陕西省公祭黄帝陵工作委员会办公室编.—北京：中国文史出版社，2008.1
ISBN 978-7-5034-2158-7

Ⅰ.黄… Ⅱ.陕… Ⅲ.黄帝－祭祀－陕西省－图集－1980～2007 Ⅳ.K892.24-64

中国版本图书馆CIP数据核字（2008）第009741号

责任编辑：梁志安

出版发行：中国文史出版社
社　　址：北京市西城区太平桥大街23号　邮编：100811
印　　装：西安煤航信息产业有限公司
经　　销：新华书店北京发行所
开　　本：889mm×1194mm　1/16
印　　张：16
印　　数：5000册
版　　次：2008年1月北京第1版
印　　次：2008年1月第1次印刷
定　　价：350.00元

軒轅黃帝像

《黄帝祭祀大典图志》（1980～2007）编纂委员会

名 誉 主 任：袁纯清　中共陕西省委副书记、省长
主　　　任：赵正永　中共陕西省委常委、常务副省长
副　主　任：秦　正　陕西省人民政府秘书长
　　　　　　蒋　跃　陕西省人民政府副秘书长
委　　　员：辛建伟　陕西省旅游文物工作领导小组办公室主任
　　　　　　陈　强　陕西省延安市市长
　　　　　　呼世杰　陕西省黄陵县县长
　　　　　　姜文华　黄帝陵管理局局长
　　　　　　宋祖华　黄帝陵基金会办公室主任

《黄帝祭祀大典图志》（1980～2007）编辑部

主　　　编：秦　正
常务副主编：蒋　跃　辛建伟
执行副主编：苏　宇
顾　　　问：董健桥　路毓贤　刘宝才
编　　　辑：李　鹏　刘旗奋
摄　　　影：（按姓氏笔画排列）
马振兴　王守平　王春梅　王桂生
巨跃先　兰　草　石荣海　成　社
邰宗武　李振远　李智勇　何炳武
陈　溯　杨超英　钱海峰　袁景致
崔晋新　惠怀杰　黑　枫

序

赵正永

位于陕西省黄陵县桥山之巅的黄帝陵，是中华民族人文始祖轩辕黄帝的陵寝，号称“天下第一陵”，是海内外中华儿女尊崇与敬仰的圣地。每年草木葱茏的清明时节，在这里举行的公祭轩辕黄帝典礼，是炎黄子孙念祖思亲、追本溯源、弘扬民族精神、共建精神家园的盛典。典礼上隆重的场面，肃穆的气氛，典雅的祭文，悠扬的古乐，向世人宣示了由黄帝时期开创的中华民族悠久的历史文化和当今中华民族团结和谐、开拓创新的精神风貌，展示了中华礼仪文化的博大精深，以及华夏雄风和民族正气，昭示着中华民族的崛起。

轩辕黄帝是中华文化的奠基人和开拓者。作为“人文初祖”，轩辕黄帝时期的华夏先民不仅创造了空前的物质文明和精神文明，而且形成了一种被后人称之为“黄帝文化”的精神，其实质和核心，就是开拓创新和团结凝聚精神。在那个浑沌蛮荒的时代，黄帝带领先民播种百谷，务农采桑，豢养家畜，制造舟车，改进弓箭，是物质的开创；创立文字，绘制图画，制定历法，确定算数，协和音律，是文明的开创；区别尊卑，制定礼乐，设置官制，提倡嫁娶，规定丧葬，是制度的开创。当然，历史是人民创造的，这些物质文明和精神文明的创造和发展，是处于文明肇始时期的华夏先民共同奋斗的结果，但同时应该肯定杰出人物对历史发展的推动作用，轩辕黄帝作为领袖人物的首创之功，同样光耀千秋。正由于轩辕黄帝时期的这些开拓创新，使华夏民族大踏步地跨入了文明的门槛，历经五千年悠久岁月，巍然屹立于世界民族之林。

五千年后的今天，中华民族以一个人口众多的统一的民族，依然保持着旺盛的生命力和创造力，成为世界民族史上的奇迹，这与轩辕黄帝所树立的团结凝聚精神紧密相关。黄帝“抚万民，度四方”（《史记·五帝本纪》），各部落之间在冲突中走向融合，形成华夏族这一民族共同体。华夏族的主体夏、商、周都尊黄帝为共同祖先，黄帝陵寝的多处出现，“四海无思不哀”（清·朱彝尊：《日下旧闻考》），就是这种凝聚精神的表现。凝聚精神就是坚持团结和睦，反对分裂涣散，将一个民族凝聚为一体的精神。历史上的民族英雄之所以受到敬重，就是因为他们以自己的行为乃至生命体现和维护了这种精神。在当前经济全球化和文化多元化的时代，这种民族的凝聚精神具有更为重要而深远的意义。

黄帝所树立的开创精神和凝聚精神，是相辅相成的。历史证明，只有不断开创，才能形成凝聚的基础；只有凝聚，才能给予不断开创以不竭的动力。这是轩辕黄帝留给中华民族的一笔宝贵的精神财富。

弘扬黄帝文化精神的一个重要载体，就是黄帝祭祀。从黄帝逝世时起，华夏族就开始了祭祀黄帝活动，并逐渐成为国家制度。在历代举行的郊祭、庙祭、陵祭等各种祭祀典礼中，对轩辕黄帝的祭祀，都是必不可少的内容。据文献记载，战国时期，对黄帝的祭祀活动就已经相当隆重。汉武帝“北巡朔方，还祭黄帝冢桥山”（《史记·今上本纪》），历经隋唐宋元明清以至中华民国，成为隆重的国祭。中华人民共和国成立后，尤其是1980年以来，形成了清明节公祭、重阳节民祭的黄帝祭祀制度。每年清明举行的公祭轩辕黄帝典礼，有国家领导人和大陆、港澳台同胞、海外侨胞数千乃至上万人参加，成为最具有传统文化内涵和精神感召力的民族盛典。

清明公祭轩辕黄帝典礼，已经成为突出民族认同、国家统一、和谐发展这一主题的大典。在最大范围内昭示着中华民族同根共祖和国家大一统的理念，成为实现当代社会稳定发展的重要因素。

这部《黄帝祭祀大典图志》(1980～2007)，以科学发展观为指导，坚持存真求实的方针，着力用发展的视角，全面记录了自1980年至2007年清明公祭轩辕黄帝典礼的盛况。结构上以“图”即摄影照片为主，直观反映公祭典礼活动；以“志”即文字为辅，记述公祭典礼活动的主要内容；公祭祭文则大气磅礴、慎终追远，既有传统形式，又体现时代精神，是对黄帝开创、凝聚精神的颂扬和继承，书写公祭文的真草隶篆书法，展示了中华传统文化的一个重要方面。

我认为，这部图文并茂的《黄帝祭祀大典图志》（1980～2007），反映了改革开放后，全中国各族人民热爱祖国，维护祖国团结统一和领土完整，期盼祖国强盛，建设一个历史上前所未有的空前盛世的真诚愿望！

盛世修志。我相信，这部《黄帝祭祀大典图志》（1980～2007）的出版，必将在弘扬中华文化，继承优良传统，实现祖国完全统一和中华民族伟大复兴的事业中，发挥应有的作用！

是为序。

（作者系中共陕西省委常委、常务副省长、省公祭黄帝陵工作委员会主任）

凡 例

一、本《图志》的编纂，以马克思列宁主义、毛泽东思想、邓小平理论和“三个代表”重要思想为指导，认真贯彻科学发展观，坚持存真求实的方针，着力用发展的视角，真实、全面、系统、客观地记述自公元1980年以来，在陕西省黄陵县桥山轩辕黄帝陵举行的公祭轩辕黄帝典礼活动，力求反映中国各族人民继承中华民族优良传统、热爱祖国、维护民族团结、期盼祖国统一和实现中华民族伟大复兴的崇高愿望。

二、在黄帝陵进行的黄帝祭祀活动形式多样，本《图志》限于篇幅，只记述“公祭”活动，未记述“民祭”及其他各类祭祀活动。

三、本《图志》所述“公祭”，指由陕西省人民政府组织并在清明节举办的祭祀活动；“民祭”，指由民间人士组织并在重阳节举办的祭祀活动。

四、历史上在黄帝陵举行的祭祀轩辕黄帝活动代代相继，并存有大量文字资料。由于历史条件所限，不可能有图像资料留传。近现代以来，各类祭祀活动连续不断，虽有零星图像资料传世，但极难寻觅。中华人民共和国成立后至1963年，陕西省继承传统，连续举行公祭轩辕黄帝典礼，后因“左”的思想干扰和“文化大革命”的动乱而中断。鉴于1963年以前的祭祀活动图像资料保存甚少，难以成集，有关文字资料已在2005年出版的《陕西省志·黄帝陵志》中系统收录，本《图志》上限自公元1980年恢复公祭轩辕黄帝始，下限至公元2007年。

五、本《图志》力求图文并茂。内容以“图”即摄影照片为主体，用以直观反映公祭典礼活动；文字部分包括《序》、《引言》、《公祭黄帝典礼编年记》、《公祭文》、《后记》等，用以记述公祭典礼活动及相关的内容，并对“图”加以说明。

六、本《图志》采用编年体。除“祭文”照录原文外，使用中国现代语体文，力求准确、流畅、典雅、简明。文字使用国家法定的规范简体字，标点符号以国家《标点符号用法》（GB/T15834-1995）为依据。

七、机构、职务、地名等专用名词按不同时期的实际称谓记述，首次使用时用全称，如有必要则括注简称，其后使用简称。

人物一般冠以职务或身份，不使用“同志”、“先生”等称谓。

数字、计量单位等，以国家法定表述方式记述。

纪年：中华人民共和国成立前，采用历史纪年，括注公元纪年，省略“公元”和“年”字，如“明太祖洪武三年(1370)”；中华人民共和国成立后采用公元纪年。

公元纪年后括注的汉字，指中国传统的“干支纪年”，如“1980（庚申）”，即指1980年是农历庚申年。

八、本《图志》所称的“清明节”，指中国传统农历中的节气“清明”；

“重阳节”，指中国传统农历的九月九日。

“港澳台”，指中国香港、澳门和台湾地区。

◎桥山全景

◎桥山黄帝陵

目　　录

引　言

——黄帝·黄帝陵·黄帝祭祀

这部《黄帝祭祀大典图志》，辑集公元1980年至公元2007年清明节在陕西桥山黄帝陵公祭轩辕黄帝的图片和祭文，以图文并重的形式展现二十八年间公祭黄帝的盛况，反映黄帝祭祀深刻的政治和文化内涵。

一、中华人文初祖轩辕黄帝

黄帝是距今大约5000年前中华文明开创时期的一位领袖人物。

史料记载，黄帝与炎帝同出于少典氏族，分别生活在姬水和姜水一带。姜水是渭水的一条支流，即今陕西省宝鸡市境内的清姜河；与炎帝同一氏族的黄帝所在的姬水，距姜水不应该很遥远。所以研究者认为：炎、黄两个部落都兴起于渭河上、中游的关中西部地区。

炎、黄部落壮大后，各有一支向东迁徙，进入中原，与东方的九黎部落发生冲突。先是炎帝部落被九黎部落打败；继之炎、黄两个部落又联合打败九黎部落，之后，炎、黄部落之间又发生冲突，黄帝部落打败

◎中华民国时期轩辕庙内黄帝塑像

◎清代的黄帝陵

炎帝部落。失败的炎帝部落大部分离开中原，分散迁往江淮一带以至长江以南，还有一支迁往山东海滨。胜利的黄帝部落则成为中原盟主。黄帝时代，各部落之间既有冲突也有融合，在冲突中走向融合，逐步形成了中国历史上最早的民族共同体—华夏族。

黄帝时代最值得注意的是对后世产生了深远影响的一系列创造发明，这些创造发明具有划时代的意义，标志着中国历史开始进入文明时代。

古文献记载的有关黄帝时代创造发明的传说史料很丰富，近大半个世纪的考古发现提供出越来越多的证据，说明传说史料的记载是基本可信的。中国新石器时代考古已发现的7000多处遗址和已发掘的400多处遗址中，多数属于新石器时代中晚期，即距今6000至4000年之间，包括着传说史料所指的黄帝时代。这期间的中国考古文化成果主要包括：黄河上游的马家窑文化和齐家文化，黄河中游的仰韶文化、河南龙山文化和陕西龙山文化，黄河下游的大汶口文化和龙山文化；还有长江中游的大溪文化、屈家岭文化和青龙泉文化，以及长江下游的崧泽文化和良渚文化。这些考古文化的材料，可以从经济、文化、政治诸方面说明黄帝时代是中华文明的开端。

黄帝时代，种植业和畜牧业已初具规模。无论黄河流域还是长江中下游地区，距今6000至4000年之间的遗址中都有多种农具出土。仰韶文化半坡遗址中出土了收割农具陶刀、谷物加工农具石碾。庙底沟遗址中还发现了使用双齿木耒的遗迹。这些都是新石器时代早期未曾见到过的。这期间出土有谷物的遗址较新石器时代早期大幅度增多，而出土粟的遗址多数分布在黄河流域，出土稻的遗址多数分布在长江中、下游地区。研究证明：粟的种植起源于中国黄河流域，仰韶文化诸部落是种植粟类谷物的发明者和推广者。稻的种植起源于中国长江流域，东南诸部落是种植稻类谷物的发明者和推广者。作为种植农业的附属生产部门的畜牧业也已相当繁荣。后来所说的"六畜"，当时除马是否驯养还不能确定外，狗、猪、羊、牛、鸡都已驯养。

传说黄帝时代发明文字，仓颉是发明文字过程中贡献最大者。文字的先驱是刻划符号。中国新石器时代考古遗址中出土有刻划符号的遗址至少已有17处，时间不早于仰韶文化，分布地域则很广，包括黄河、长江、珠江三大流域，在香港、台湾也有发现。仰韶文化姜寨、半坡、北首岭遗址陶器上的刻划符号有270多件标本，50多种符号。马家窑文化柳湾墓地陶器上的刻划符号有几百件标本，100多种符号。大汶口文化的刻划符号，目前发现了16件标本，包括8种18个符号，风格更接近实物形象，其中有的符号已被一些学者作为文字释读了。公认的最早的两件文字标本，一件是一个泥质薄胎平底黑色陶器的底部残片，外面刻有一个与甲骨文、金文的"共"字字形相似的字。另一件是一个泥质灰色平底

◎黄帝功德图绘

大陶盆底部残片，上面刻有5行11个字，属于龙山文化的遗物，距今都有4000年以上。

史料对黄帝时代的艺术成就有许多记载，包括音乐、舞蹈、绘画、建筑等。属于造形艺术的绘画，有大批实物遗留下来。这样的实物主要是陶器和玉器。陶器上图画的内容极为丰富：仰韶文化陶器上的鱼、鸟、鹿、蛙、鲵鱼、壁虎形象生动，马家窑文化陶器上的植物花、叶、荚实等纹饰富于变化，从不同方面反映着当时的经济生活和自然环境。马家窑文化的舞蹈纹陶盆，不但是中国造型艺术最早的杰作，也透露出当时表演艺术的发展。马家窑文化的人头型器口彩陶壶和仰韶文化的人头型器口彩陶瓶，将绘画与器形巧妙地结合起来，形成人物造型，在绘画史、雕塑史上都有一席之地。这时的陶器、玉器艺术已开始形成中国

造型艺术的特点，显示出中国造型艺术的发展方向。

史料反映的原始宗教状况，总体上也从考古发现中得到证实。仰韶文化彩陶上的动物图案分布有地域性，例如华山以西以鱼为主，华山以东以鸟为主，华山周围出现鱼鸟结合的图案。极有可能，鱼和鸟分别是华山以西、以东两个地区的氏族的图腾。河南临汝出土的一件陶瓷棺上画着一幅鹳鸟衔鱼与石斧组成的画，很可能是鹳氏族纪念祖先战功的作品，显现出祖先崇拜的意识。至于河南龙山文化、陕西早期龙山文化遗址中出现石且，马家窑文化遗址中出土男性裸体像陶罐，更是祖先崇拜的遗物。良渚文化大量出土玉璧、玉琮、玉璜等礼器，反映着原始宗教多神并存的状况。良渚文化玉器上多见的那种被称为“良渚神徽”的人形兽形结合的图样，更是典型的原始宗教的遗物。

传说史料记载的炎黄时期大规模战争、黄帝设官治民、划分等级、建立财产制度，是政治权威出现的直接证据。常被作为进入文明时代的考古学现象也都发现了，包括：（1）礼器的大量出现；（2）城堡出现；（3）出现反映贫富分化的现象，即随葬品多少悬殊；（4）文字的形成等。当然，这些现象的某一种现象在考古遗址单独出现，并不足以说明进入文明时代，但当它们在一个时代里普遍出现的时候，就具备了完全不同的意义。考古学界公认：中国的诸新石器文化不断发生交流、融合和分化；在此同时，随着生产的发展，原始社会内部产生了私有制和阶级，中国历史开始进入文明时代。依据对于传说史料与考古资料所作的对比研究，可以认为黄帝时代上限比中国新石器时代上限晚，当在新石器时代中晚期。

司马迁赞颂黄帝有“治五气，艺五种，抚万民，度四方”之功德，是对黄帝时代始创中华文明的概括。大量文献资料和考古发现的成果支持着这一历史的判断。

黄帝时代是中国进入文明时代之始，黄帝是中华人文初祖。

二、中华民族圣地黄帝陵

《史记》载：“黄帝崩，葬桥山。”这是见之于史书的关于黄帝陵的最早记载。

桥山在今陕西省黄陵县。黄帝陵墓古称桥陵，陵区有轩辕庙，有清代毕沅题“古轩辕黄帝桥陵”石碑。为了与位于今蒲城县的唐睿宗桥陵相区别，1942年改称黄帝陵。中华人民共和国成立后，黄帝陵被列为全国重点文物保护单位古墓葬第一号，称为“天下第一陵”。

◎中华民国时期的黄帝陵

黄帝陵周围有密集的考古发现。据国家文物局主编《中国文物地图集·陕西分册》（西安地图出版社出版，1998年）编辑的资料记载，黄陵县境内发现新石器时代遗址有48处，多数属于仰韶文化遗址，即相当于黄帝时代的考古文化遗址。属于仰韶文化半坡类型遗存的水拓塬遗址，面积约20万平方米。属于仰韶文化庙底沟类型遗存中，面积超过10万平方米的遗址5处，其中的石头坡遗址面积约42万平方米，赵桌遗址面积达50万平方米。黄帝陵周围的考古学文化遗存如此丰富，表明该地区是仰韶文化中后期的一个中心地带，为《史记》关于黄帝“葬桥山”的记载提供了考古学背景，是黄帝陵在桥山的佐证。

黄帝陵在今陕西省黄陵县的桥山，早已得到举世公认。但也有别的说法，或说在河北平谷，或说在河北涿鹿，或说在山东曲阜，或说在河南灵宝，或说在甘肃正宁。怎样从严谨的、历史的角度解释这个现象呢？清代史学家朱彝尊著《日下旧闻考》说：“圣人久于其位，仁化所及，至于殂亡，四海无思不哀。故绝域殊俗之人闻天子崩，各自立位而祭，起土为冢，是以所在有焉。”作为一种文化学的解释，朱彝尊的说法是可取的。同时，有必要具体考察各地黄帝陵的来源。平谷说首见于《日下旧闻考》；山东说首见于《大明一统志》；灵宝说首见于《历代陵寝备考》；此三书属于明、清著述，在更早文献中均无依据。涿鹿说系误读《魏书》而致，《魏书·太宗纪》记载太宗拓跋嗣巡视涿鹿所祭的是黄帝庙，并非黄帝陵。至于正宁说，则是《魏书·地形志》将秦汉的上郡阳周县与北魏的阳周县相混淆而造成的误解。位于陕西的桥山黄帝陵，则是《史记》中就有明确记载的。

桥山黄帝陵，由于西汉元鼎元年(前116)汉武帝亲临祭祀而载入史册。《史记·孝武本纪》记载：元鼎元年，汉武帝“北巡朔方，勒兵十余万，还祭黄帝冢桥山。”由此可知，桥山黄帝陵最晚在汉武帝时已为朝廷所承认，成为皇帝亲往祭祀的圣地。唐代宗大历五年(770)，桥山黄帝陵列于国家祀典，并重修轩辕庙。此后，维修保护黄帝陵成为历代相沿的传统。宋太祖开宝五年(972)，将位于桥山西麓的轩辕庙移至桥山东麓，重建庙院、山门、过亭和大殿。元泰定二年(1325)，泰定帝也孙铁木耳颁旨保护桥山黄帝陵庙；元顺帝至正元年(1341)，重修轩辕庙西侧的保生宫，维修陵园。明太祖洪武三年(1370)，再次维修，并设置五品护陵官，由县令兼任。县令兼任护陵官为后代沿用，形成制度。洪武七年(1374)，在轩辕庙内塑造轩辕黄帝坐像一尊。世宗嘉靖四十二年(1563)，修葺轩辕庙，并免除黄帝庙税粮。此后历代均免征黄帝陵庙税粮。明熹宗天启元年(1621)，新修轩辕庙东西长廊和碑亭，历时两年完成。明思宗崇祯九年(1636)，补修轩辕庙正殿。清代先后十一次维修黄帝陵庙：清世祖顺治三年（1646）一次，清圣祖康熙年间三次，清世宗雍正年间两次，清高宗乾隆年间三次，清宣宗道光年间两次。中华民国年间三次：民国二十三年（1934)，重修黄帝陵道路，民国二十八年(1939)和民国三十二年(1943)两次维修陵、庙。

中华人民共和国成立以后，1956年，中国科学院院长郭沫若受毛泽东主席委托，题写“黄帝陵”三字，勒石立碑。50至80年代，多次维修黄帝陵、庙。

1990年至2004年期间，对黄帝陵进行了空前的大规模整修。1990年4月，中共中央政治局常委、书记处书记李瑞环在陕西视察时提出：“一定要把黄帝陵整修好，上对得起祖宗，下对得起子孙”。

◎明代石碑

随后，陕西省人民政府认真研究部署,组织设计单位制订整修规划。经过面向海内外广泛征求意见和通过专家论证。1993年7月，国家建设部、国家文物局、陕西省人民政府联合批准了整修设计总体方案。方案规定：黄帝陵区保护面积25平方公里，整修范围3.24平方公里。总体包括庙前区、庙区、神道、陵园区、县城和外围景观等六个区域。1992年清明节，举行陕西省各界公祭轩辕黄帝陵暨整修黄帝陵工程奠基仪式。整修工程分两期：一期工程1992年8月开工，1998年12月竣工，累计投资人民币8300多万元，完成入口广场、印池、轩辕桥、桥北广场、龙尾道、庙前广场、轩辕庙门、陵区道路、棂星门、陵道、神道，以及绿化等22项工程；二期工程2001年12月开始，2004年清明节前基本完成，累计投资人民币2.34亿元，完成祭祀大殿、祭祀广场、古柏防火以及大环境治理等配套工程。二期工程基本完成后，继续进行古柏院的整理与建设、黄帝陵周边环境绿化和综合治理。

◎郭沫若书黄帝陵碑

整修后的黄帝陵区，雄伟肃穆，庄严古朴。庙前区包括入口广场、印池、轩辕桥、桥北广场、龙尾道、庙前广场等，总面积300余亩。铺有5000块大型卵石的庙前广场，象征着中华民族5000年文明史的足迹。每临祭祀，祭祀者在入口广场列队，端正衣冠，至诚至敬，缓步穿越庙前区入口广场，临印池，步轩辕桥，过泱泱沮水，登龙尾道，拾“九五”长阶而上，穿庙前广场，入轩辕庙古柏院。古柏院的棵棵柏树，宛如中华民族

◎1992年整修前的轩辕庙

绿色编年史，生生不息。群冠众柏、闻名遐迩的黄帝手植柏，高大苍劲、枝叶繁茂，引人遥想始祖勤政爱民的身影和泽被百代的功德。院中碑亭、碑廊共存碑百余通。碑亭四通石碑，分别刻有孙中山、毛泽东、邓小平、蒋介石的手迹或题词。碑廊藏碑中有古碑47通，多为历代御制祭文碑，也有各朝文人名士歌功颂德、登临即兴的传世诗赋勒石其间。

◎桥山全景

再通过祭祀大殿前广场，就是庄严雄伟、大气磅礴的新建祭祀大殿，这是一座高大的仿汉代风格石材建筑，平面为正方形，每边40米，用36根花岗岩石柱支撑起巨大的复斗式屋顶，屋顶中央开直径14米的圆形天光，殿基三层，高6米。大殿外有承天接地之势，内立自汉代就传世的新刻石雕黄帝像。黄帝陵冢在祭祀大殿西北1.5公里的桥山之巅，陵冢数万株古柏环抱，前有祭亭，后有五层仿汉代阁楼建筑龙驭阁。龙驭阁为整个黄帝陵区最高处。登上龙驭阁，习习清风扑面，袅袅山雾缭绕，中华始祖乘龙升天之情景如见，不由遐想万千。

三、中华民族精神的载体黄帝祭祀

祭祀轩辕黄帝是中华民族的传统。

祭祀黄帝始于黄帝逝世之时。从那时起至今，中国人祭祀黄帝的传统未曾中断。尧舜禹时代和夏代，有虞氏和夏后氏把黄帝作为祖先祭祀。商周以至春秋战国，以黄帝为初祖的诸姓后裔继续祭祀黄帝。战国时代开始，人们在继续将黄帝作为华夏族祖先祭祀的同时，又将黄帝作为帝王和天帝祭祀。隋唐以前的祭祀中，黄帝的天帝身份相当突出；隋唐以后的祭祀中，黄帝的帝王身份更加受到重视，而且祭祀黄帝逐渐形成为国家制度。

祭祀黄帝的典礼有三种主要类型：一种是郊祭，包括举行祭天大礼。

◎元朝泰定石碑

郊祭仪式时以黄帝配祭和单独祭祀黄帝的黄郊；一种是庙祭，即在京城历代帝王庙里举行的祭祀；一种是在黄帝陵举行的陵祭。此外，还有各地在当地黄帝庙举行的祭祀。初步统计，全国历代遗留的黄帝陵庙等古迹有77处，分布在21个省、市、自治区，这正是中国人共认黄帝为中华人文初祖的历史证据。

在诸种祭祀黄帝的活动中，桥山黄帝陵的祭祀是起源久远、最为重要的黄帝祭祀。除《史记·孝武本纪》对汉武帝“祭黄帝冢桥山”有明确记载外，唐大历五年（770），唐代宗批准鄜坊节度使臧希让奏请，将坊州(今黄陵县)桥山黄帝陵列为国家祀典；宋太祖开宝五年(972)，遵太祖赵匡胤旨意，规定桥山黄帝陵三年大祭一次；明太祖洪武四年（1371），朝廷礼部议定祭祀三十五位历代帝王的地点，祭祀黄帝的地方定在陕西中部县（今黄陵县）桥山黄帝陵，并规定三年大祭一次，皇帝亲撰祭文，派遣大臣赴桥山祭祀；清代沿袭明代定制，在桥山黄帝陵举行国祭，一般每三年祭祀一次，此外还有临时祭告；中华民国二十四年（1935），南京国民政府定清明节为民族扫墓节；民国二十六年（1937）清明节，国共两党派员共祭黄帝陵，中共领袖毛泽东亲笔撰写了祭文。

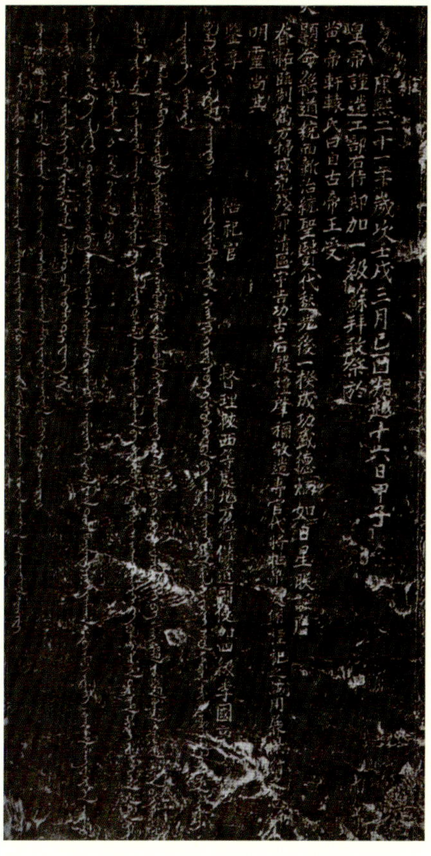

◎康熙皇帝满汉文祭黄帝文碑

中华人民共和国成立后至1963年，陕西省继承传统，连续举行公祭轩辕黄帝典礼，后因“左”的思想干扰和“文化大革命”的动乱而中断。1980年以后，恢复了每年举行的黄帝祭祀活动，形成清明公祭、重阳民祭的惯例，每次公祭都有各级领导人和大陆、港澳台同胞以及海外侨胞数千乃至数万人参加。

不同时代的黄帝祭祀有不同的历史背景、祭祀观念和祭祀礼仪，但

◎1937年清明节，国共两党共祭黄帝，图为两党代表在黄帝陵前合影

体现伟大的中华民族精神，并传承这种精神的主旨却一直在延续。具体而言，黄帝祭祀传承的中华民族精神，最突出的是民族认同、国家统一、持续发展、和谐振兴的精神。

黄帝祭祀传承着同根共祖的理念，发挥着促进民族认同和团结的作用。在华夏族形成和发展阶段，华夏族主体夏、商、周三族都认黄帝为共同祖先。三族相继为王，然而无论哪一族建立政权的时候，另外两族也同时共存，其领袖人物还在政权机构任职。西周实行分封，也分封夏、商之后裔在杞国、宋国。这个时期，通过祭祀黄帝，把华夏共祖的

◎民国时期祭祀黄帝

观念一代一代传承下来，促进了华夏各族的互相认同。在各民族形成和发展过程中，取得中国主体民族地位的汉族，承继黄帝为中华民族始祖

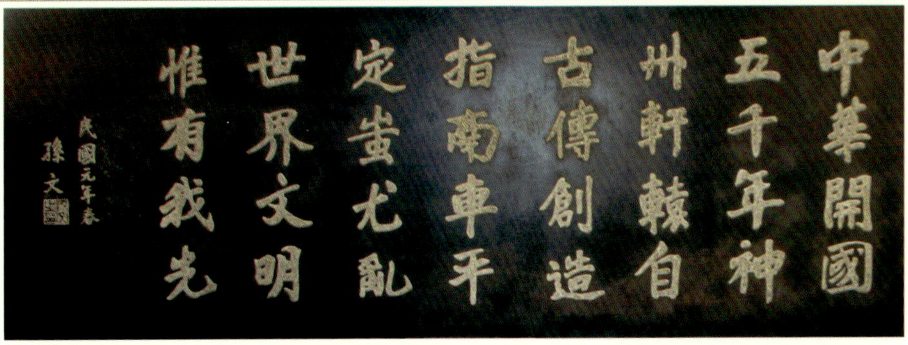

◎孙中山题词碑

的观念，一些少数民族如匈奴、鲜卑、羌、女真等也自认是黄帝后裔。这个时期的黄帝祭祀，在更大范围传承着中华民族同根共祖观念，进一步促进了民族认同。在中华各民族一体发展阶段，中华各民族相互交流融汇的范围更加扩大，立庙祭祀黄帝的地域也随之更为扩展。到了清代，在远离中原的地方如今之新疆乌鲁木齐市内，也建有黄帝庙祭祀黄帝。这表明，黄帝祭祀传承的同根共祖观念，实际已更多具有文化认同的性质，更广泛、更有力地促进着中华各民族的凝聚团结。近现代的黄帝祭祀，则更成为中华民族同仇敌忾，反抗外来侵略、反对封建主义的宣誓仪式，成为中华民族伟大复兴的号角。

◎民国时期祭祀黄帝

黄帝祭祀传承着中国大一统的理念，成为宣示和维护国家统一的典礼。黄帝统一中原，开启华夏一统之端绪。维护国家统一是黄帝精神的重要内容。在有文字记载的中国古史中，统一时期之久，远远大于分裂时期。统一是正常，是主流；分裂是反常，是支流。所以，历代帝王祭祀黄帝，总是强调要继承黄帝之“道统”以统一中国。明代以前祭祀黄帝的祭文没有保存下来，明清两朝帝王祭文存有41篇。最早者是明代开国皇帝朱元璋洪武四年（1371）的祭文。朱元璋在这篇祭文中说，自己

本是一介草野平民，乘元末天下纷纭、群雄大乱之秋，集众用武，取得天下而成为万民之主。祭祀黄帝就是表明，他继承了为“万世所法”的

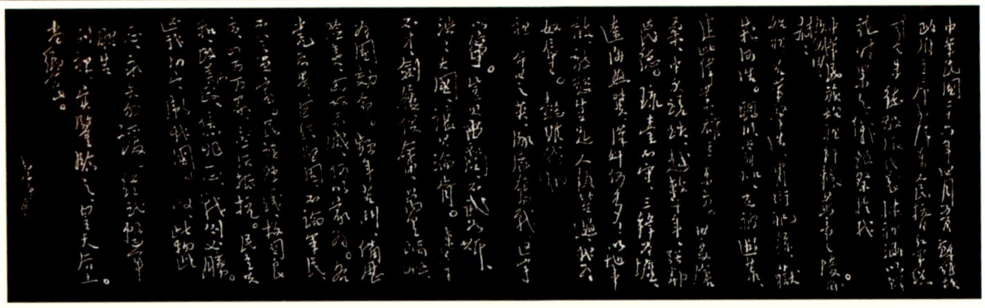
◎1937年，毛泽东手书祭黄帝文碑

黄帝治国传统。清代开国皇帝爱新觉罗·福临在顺治八年（1651）的祭文中明确提出“继道统，新治统”的口号，就是要继承黄帝开其端的中国统一的传统，采用适合变化了的历史条件的新办法治理统一国家。康熙皇帝几篇祭文继续反复议论“治统、道统”，并总结出“继治同道”的命题，更加突出了维护国家统一的精神。当代祭祀黄帝，与历史上祭祀的观念有很大不同，扬弃了作为天帝的黄帝观念，淡化了作为帝王的黄帝观念，重新突出了作为共同祖先的黄帝观念，对于黄帝作为中华民族先祖的理解，重点也从血统转向文化，强调黄帝是中华民族的人文初祖。但是，当代的黄帝祭祀，仍然继续发挥着促进民族团结和维护祖国统一的作用。

黄帝祭祀传承着中华民族持续发展的理念。综观中国古史，可以概括出一条，就是：中华民族的生存能力、可持续发展的能力特别强。中华民族的历史，就是一部持续发展史。黄帝时代，黄帝以后，五千年来，中国历史上朝代不断更替，盛衰几度反复，但总的趋势是中华民族持续发展壮大。中华民族经历了诸多劫难但没有灭亡，中华民族自强不息、顽强拼搏，一直在生存并壮大着，中国社会一直在发展着。这些，反映在黄帝文化方面，就是祭祀黄帝的“香火未断”，而且弥久弥新。当代中国，作为拥有13亿华夏儿女，自立于世界民族之林的东方大国，持续发展着民族振兴的伟大事业。

黄帝祭祀传承着和谐的理念，成为社会稳定发展的因素。中国传统祭祀文化强调“报本反始”（《礼记·郊特牲》），子孙后代怀念祖先，恭敬虔诚地献上祭品，以报

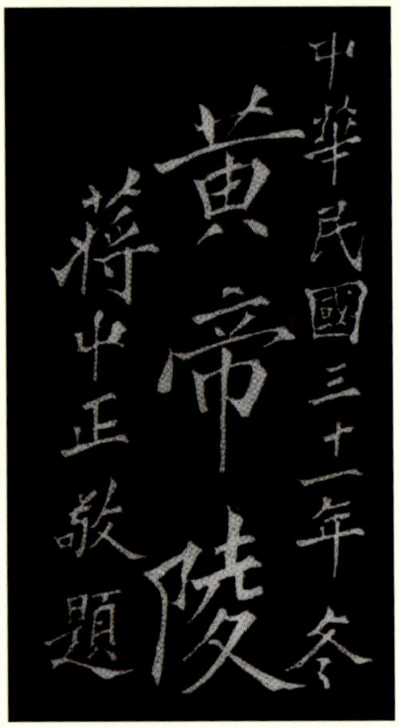

◎蒋介石书黄帝陵碑

答祖先的功德。中国传统祭祀文化追求“致天下之和”（《礼记·祭义》），通过祭祀祖先进行伦理教化，培养四海皆兄弟、天下为一家的意识，使人们和平友爱相处，达到社会和谐的目的。因此，历代朝廷在黄帝祭祀中都着力体现“致天下之和”的宗旨，传承社会和谐的理念，追求亲九族、和百姓、化黎民、淳风俗、协和万邦的效果。今天，人们透过这些古代特殊的时代内容，仍可发现闪烁其中的永恒的文化价值。

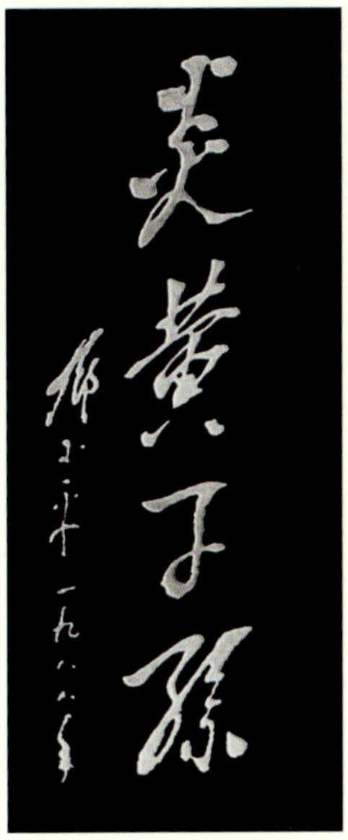

◎邓小平书炎黄子孙碑

胡锦涛同志在中共十七大报告中指出：“中华文化是中华民族生生不息、团结奋进的不竭动力。”黄帝文化是中华文化的重要组成部分，5000年来，一直激励着中华儿女，在当今社会主义文化建设中仍然占有特殊的地位。我们珍视黄帝祭祀体现的黄帝文化，努力使之与当代社会相适应、与现代文明相协调，在中华民族复兴的伟大事业中发挥应有的作用。

◎2002年，台湾省各界黄帝陵谒祖团与大陆同胞在桥山合影

◎黄帝手植柏，树高约20米，树干胸径11米，被誉为“世界柏树之父”

史记·五帝本纪

节选

黃帝者少典之子姓公孫名曰軒轅生而神靈弱而能言幼而徇齊長而
敦敏成而聰明軒轅之時神農氏世衰諸侯相侵伐暴虐百姓而神農氏
弗能征於是軒轅乃習用干戈以征不享諸侯咸來賓從而蚩尤最爲暴
莫能伐炎帝欲侵陵諸侯諸侯咸歸軒轅軒轅乃修德振兵治五氣藝五
種撫萬民度四方教熊羆貔貅貙虎以與炎帝戰於阪泉之野三戰然後
得其志蚩尤作亂不用帝命於是黃帝乃徵師諸侯與蚩尤戰於涿鹿之
野遂禽殺蚩尤而諸侯咸尊軒轅爲天子代神農氏是爲黃帝天下有不
順者黃帝從而征之平者去之披山通道未嘗寧居東至于海登丸山及
岱宗西至于空桐登鷄頭南至于江登熊湘北逐葷粥合符釜山而邑于
涿鹿之阿遷徙往來無常處以師兵爲營衛官名皆以雲命爲雲師置左
右大監監于萬國萬國和而鬼神山川封禪與爲多焉獲寶鼎迎日推筴
舉風后力牧常先大鴻以治民順天地之紀幽明之占死生之説存亡之
難時播百谷草木淳化鳥獸蟲蛾旁羅日月星辰水波土石金玉勞勤心
力耳目節用水火材物有土德之瑞故號黃帝黃帝居于軒轅之丘而娶
于西陵之女是爲嫘祖黃帝崩葬橋山

節選史記五帝本紀　同州奔先任步武書

书家简介：任步武，中国书法家协会书法培训中心教授，陕西省书法家协会顾问。

◎位于桥山之巅的“龙驭阁”

公祭黄帝典礼编年记

祭祀黄帝活动源远流长。中华人民共和国成立后，共产党人继承民族传统，继续在桥山黄帝陵祭祀黄帝。尤其是在改革开放后的1980年以来，桥山迎来了海内外同胞共祭黄帝的盛况。每当草木葱茏的清明时节，在黄帝陵前举行的盛大祭祀活动，成为弘扬中华文明，凝聚民族团结，期盼祖国统一，实现中华民族伟大复兴的盛典。

庚申 辛酉 壬戌 癸亥

甲子 乙丑 丙寅 丁卯

戊辰 己巳 庚午 辛未

壬申 癸酉 甲戌 乙亥

丙子 丁丑 戊寅 己卯

庚辰 辛巳 壬午 癸未

甲申 乙酉 丙戌 丁亥

庚申 公元一九八〇年

【公祭情况】

1980（庚申）年清明公祭典礼，陕西省暨延安地区和黄陵县各界群众以及港澳台同胞、海外侨胞代表共2000余人参加。省、地、县和台湾同胞分别向黄帝敬献花篮、花圈。陕西省人民代表大会常务委员会（以下简称“省人大常委会”）副主任张汉武主祭。陕西省人民政府副省长谈维煦、省政协副主席刘聚奎陪祭。谈维煦恭读祭文。各界人士瞻仰轩辕庙，并在桥山植树纪念。

公祭现场

全体代表行鞠躬礼

公祭现场

参祭代表在桥山植树

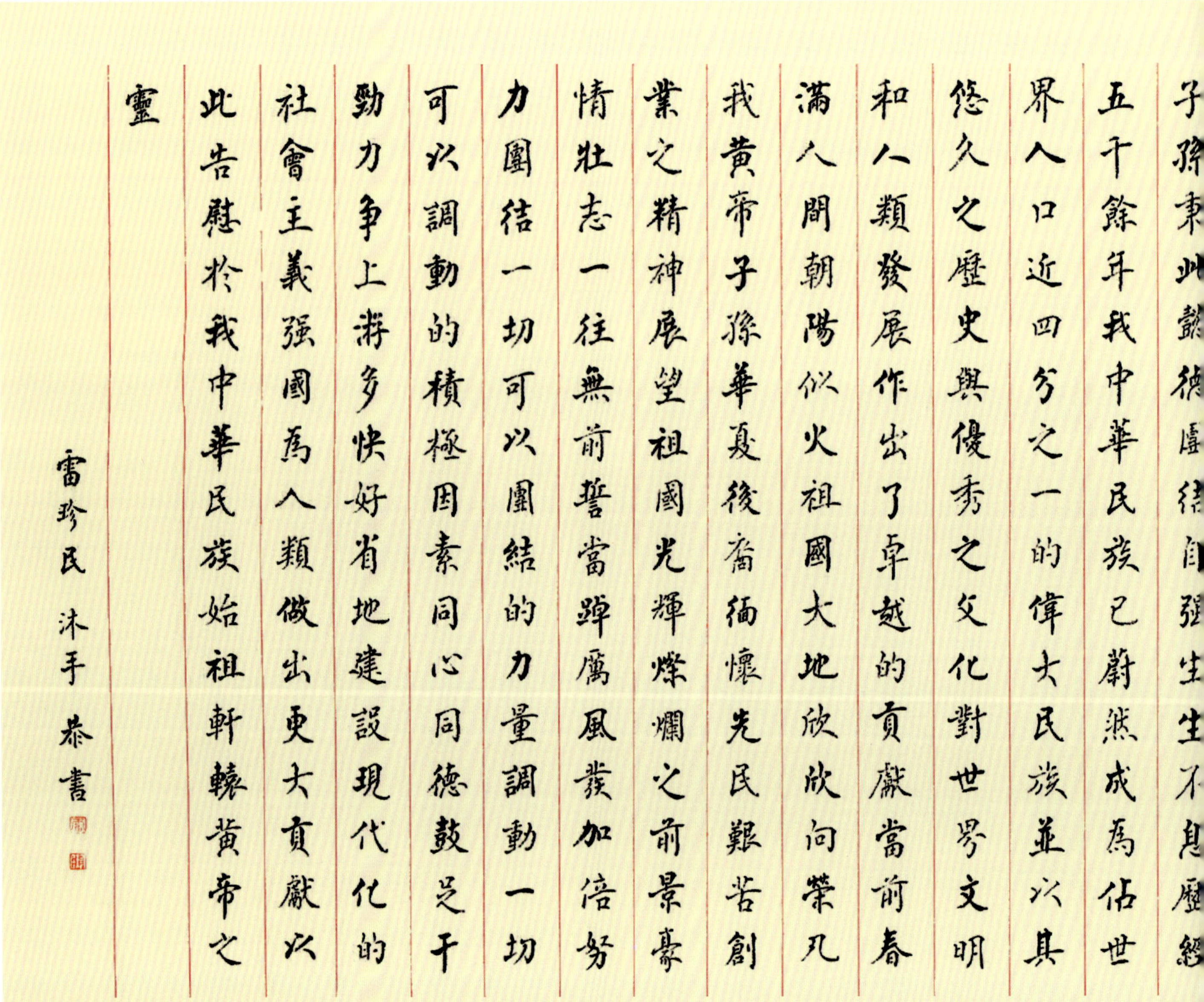

庚申（1980）年清明公祭轩辕黄帝文

公元一九八零年四月四日，庚申清明，陕西省人民代表大会常务委员会、陕西省人民政府、政协陕西省委员会、延安行政公署、黄陵县人民政府以及省地县各界代表，隆重集会于黄帝之陵，虔诚肃穆，以祭以扫，并备鲜花雅乐，致敬于我中华民族始祖轩辕黄帝：

维我始祖，赫赫扬扬，根深叶茂，源远流长。奠中华民族之初基，启华夏文化之晓光。“人文初祖”，功德辉煌，亘千秋而愈烈，历万世而益昌。维我始祖，勤勤恳恳，不畏强暴，酷爱和平。协和百族，辑睦四邻，兆民以安，四方以宁。洵洵美德，沦肌浃骨，传之五千余年而愈益发扬光大，恢廓昌明。黄帝子孙，秉此懿德，团结自强，生生不息。历经五千余年，我中华民族已蔚然成为占世界人口近四分之一的伟大民族，并以其悠久之历史与优秀之文化，对世界文明和人类发展作出了卓越的贡献。当前，春满人间，朝阳如火，祖国大地，欣欣向荣。凡我黄帝子孙，华夏后裔，缅怀先民艰苦创业之精神，展望祖国光辉灿烂之

庚申年清明公祭軒轅黃帝文

公元一九八零年四月四日庚申清明陝西省人民代表大會常務委員會陝西省人民政府政協陝西省委員會延安行政公署黃陵縣人民政府以及省地縣各界代表隆重集會於黃帝之陵虔誠肅穆以祭以掃竝備鮮花雅樂致敬於我中華民族始祖軒轅黃帝

維我始祖赫赫揚揚根深葉茂源遠流長奠中華民族之初基啓華夏文化之曉光人文初祖功德輝煌亘千秋而愈烈歷萬世而益昌惟我始祖勤勤懇懇不畏强暴酷愛和平協和百族輯睦四鄰兆民以安四方以寧洵洵美德淪肌浹骨傳之五千餘年而愈益發揚光大恢廓昌明黃帝

前景，豪情壮志，一往无前。誓当踔厉风发，加倍努力，团结一切可以团结的力量，调动一切可以调动的积极因素，同心同德，鼓足干劲，力争上游，多快好省地建设现代化的社会主义强国，为人类做出更大贡献，以此告慰于我中华民族始祖轩辕黄帝之灵。

书家简介：雷珍民，陕西省书法家协会主席，中国书法家协会理事，陕西省文联副主席，陕西国画院副院长。

◎桥山古柏

辛酉 公元一九八一年

【公祭情况】

1981（辛酉）年清明公祭典礼，陕西省暨延安地区和黄陵县各界群众以及港澳台同胞、海外侨胞、归国华侨代表共2000余人参加。陕西省人大常委会副主任孙作宾主祭。副省长谈维煦、省政协副主席范明、胡景通等陪祭。延安地区行政公署专员李森桂恭读祭文，谈维煦讲话。各界人士瞻仰轩辕庙,并在陵园植松树纪念。

公祭现场

参祭代表步入公祭现场

全体代表行肃穆礼

公祭礼毕，参祭代表在黄帝陵前合影留念

参祭代表在桥山植树

瞻仰轩辕庙古碑

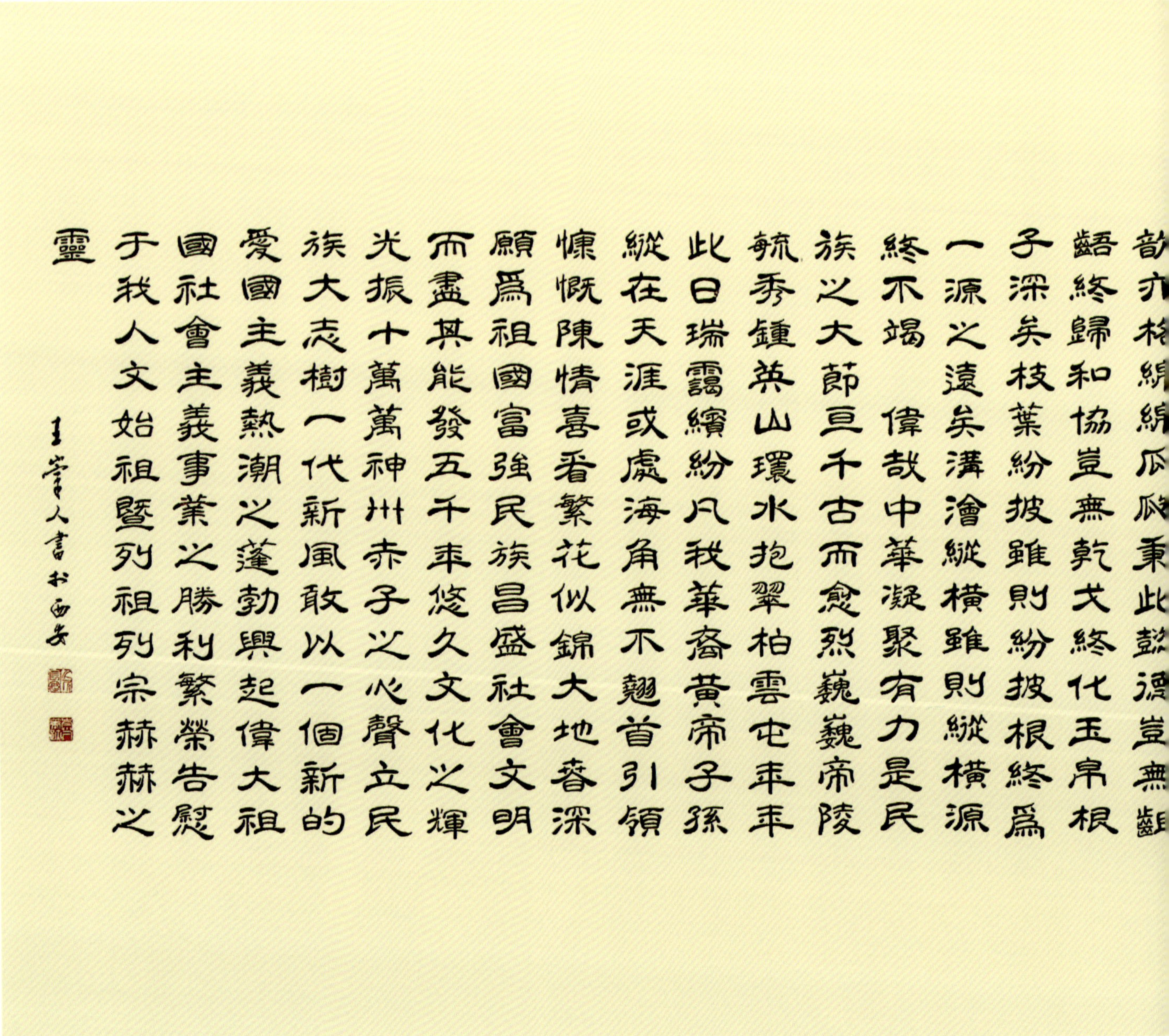

辛酉（1981）年清明公祭轩辕黄帝文

公元一九八一年四月五日，节届清明，日暖风熏，陕西省人民代表大会常务委员会、陕西省人民政府、陕西省政协、延安地区行政公署、黄陵县人民代表大会常务委员会、黄陵县人民政府暨各界代表，敬备鲜花雅乐，祭扫始祖轩辕黄帝之陵，雍雍穆穆，钟鼓和鸣，追远抚今，竭其虔诚。

赫赫元祖，草创文明。衣被华夏，冠盖群伦。泽施后世，永播芳馨。绵绵瓜瓞，秉此懿行。岂无险阻，终获夷平。岂无离乱，终复康宁。根之深矣，枝叶纷披；虽则纷披，源终为一。源之远矣，沟浍纵横；虽则纵横，源终不竭。伟哉中华！生生不息。昆仑之墟，大洋之滨，灿如朝阳，吾土吾民。

赫赫元祖，有为有则。惠在人间，功高日月。既显既扬，亦钦亦格。绵绵瓜瓞，秉此懿德。岂无龃龉，终归和协。岂无干戈，终化玉帛。根之深矣，枝叶纷披；虽则纷披，根终为一。源之远矣，沟浍纵横；虽则纵横，源终不竭。伟哉中华！凝聚有力。是民族之大节，亘千古而愈烈。

辛酉年清明公祭軒轅黄帝文

公元一九八一年四月五日節届清明日暖風熏陝西省人民代表大會常務委員會陝西省人民政府陝西省政協延安地區行政公署黄陵縣人民代表大會常務委員會黄陵縣人民政府暨各界代表敬備鮮花雅樂祭掃始祖軒轅黄帝之陵雍雍穆穆鐘鼓和鳴追遠撫今竭其虔誠赫赫元祖草創文明衣被華夏冠蓋群倫澤施後世永播芳馨綿綿瓜瓞秉此懿行豈無險阻終獲夷平豈無離亂終復康寧根之深矣枝葉紛披雖則紛披源終爲一源之遠矣溝澮縱横雖則縱横源終不竭　偉哉中華生生不息昆侖之墟大洋之濱燦如朝陽吾土吾民赫赫元祖有爲有則惠在人間功高日月既顯既揚亦

巍巍帝陵，毓秀钟英。山环水抱，翠柏云屯。年年此日，瑞霭缤纷。凡我华裔，黄帝子孙，纵在天涯，或处海角，无不翘首引领，慷慨陈情。喜看繁花似锦，大地春深，愿为祖国富强、民族昌盛、社会文明而尽其能。发五千年悠久文化之辉光，振十万万神州赤子之心声，立民族大志，树一代新风，敢以一个新的爱国主义热潮之蓬勃兴起，伟大祖国社会主义事业之胜利繁荣，告慰于我人文始祖暨列祖列宗赫赫之灵。

书家简介：王崇人，西安美术学院教授，陕西省书法家协会名誉主席，陕西省文史研究馆馆员。

◎轩辕庙古柏院柏树

公元一九八二年

【公祭情况】

1982（壬戌）年清明公祭典礼，陕西省暨延安地区和黄陵县各界群众以及港澳台同胞、海外侨胞、去台人员亲属、归侨、侨眷代表共2000余人参加。陕西省人大常委会副主任张汉武主祭，副省长白纪年、省政协副主席范明、刘聚奎、胡景通、傅道伸以及省各民主党派负责人陪祭。省人大常委会、省人民政府、省政协、延安地区行政公署等分别向黄帝敬献花篮和花圈。省政协副主席范明恭读祭文。白纪年、傅道伸和台湾同胞代表杨素玲先后讲话。各界代表在陵园内植树100株。

公祭现场

参祭代表步入公祭现场

全体代表行鞠躬礼

陕西省政协副主席范明恭读祭文

各界代表敬献花篮、花圈

黄陵县群众代表参祭方阵

参祭代表在桥山植树

◎黄帝陵棂星门

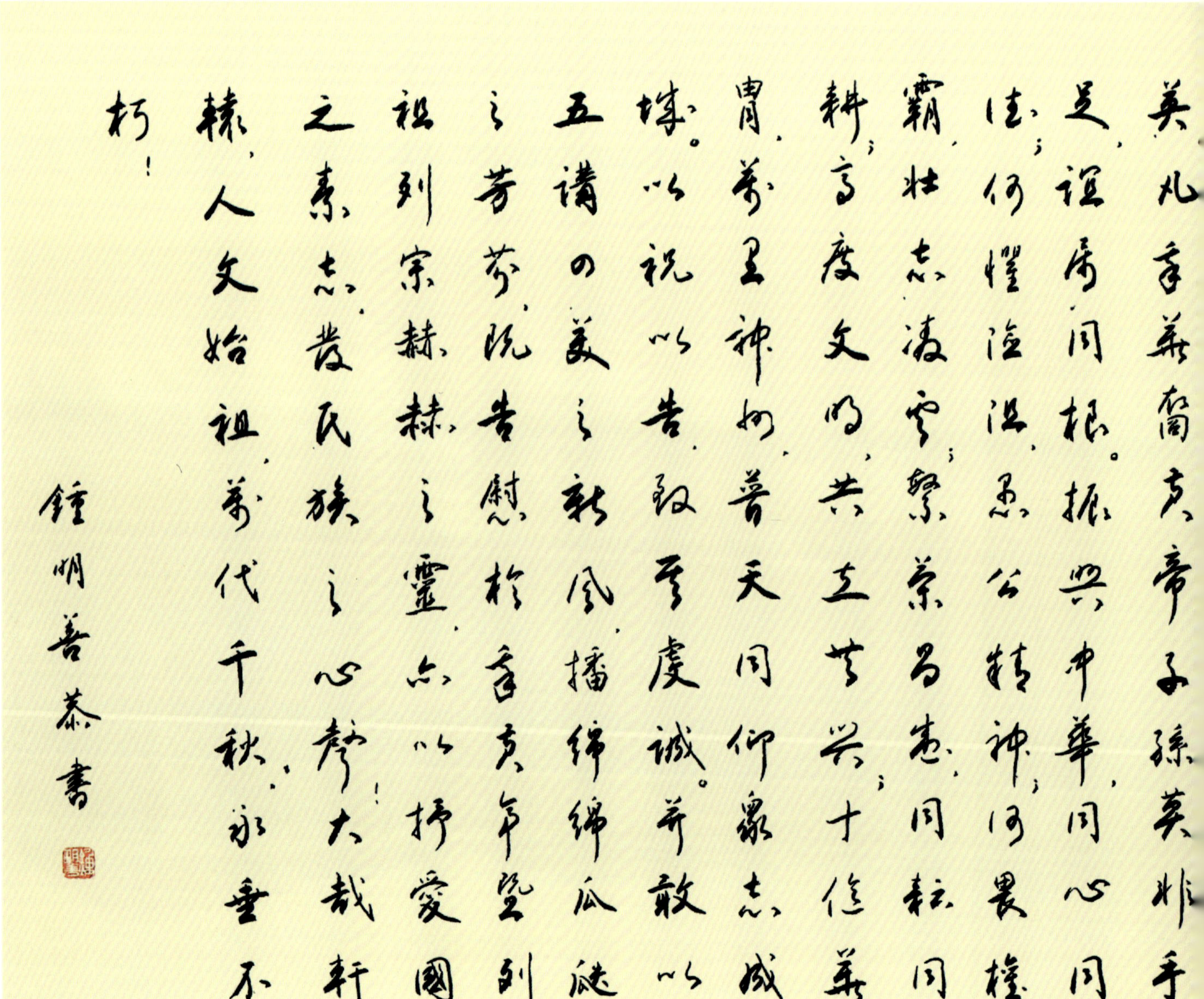

壬戌（1982）年清明公祭轩辕黄帝文

公元一九八二年四月五日，节届清明，日暖风熏。陕西省人民代表大会常务委员会、陕西省人民政府、中国人民政治协商会议陕西省委员会、延安地区行政公署、黄陵县人民代表大会常务委员会、黄陵县人民政府暨各界代表，敬备鲜花雅乐，祭扫始祖轩辕黄帝之陵曰：

巍巍黄陵，虎踞龙腾，清流毓秀，翠柏凝峰。岁岁清明，霞光蔚英。凡我华裔，黄帝子孙，莫非手足，谊属同根。振兴中华，同心同德；何惧险阻，愚公精神；何畏权霸，壮志凌云；繁荣昌盛，同耘同耕；高度文明，共立共兴；十亿华胄，万里神州；普天同仰，众志成城。以祝以告，致其虔诚。并敢以五讲四美之新风，播绵绵瓜瓞之芳芬，既告慰于我黄帝暨列祖列宗赫赫之灵，亦以抒爱国之素志，发民族之心声！大哉轩辕，人文始祖，万代千秋，永垂不朽！

壬戌清明祭軒轅黃帝文

公元一九八二年四月五日，節屆清明，日暖風薰。陝西省人民代表大會常務委員會、陝西省人民政府、中國人民政治協商會議陝西省委員會、延安地區行政公署、黃陵縣人民代表大會常務委員會、黃陵縣人民政府暨各界代表，敬備鮮花牲樂，祭掃始祖軒轅黃帝之陵曰：巍巍黃陵，帝蹤龍騰，清沐繞秀，翠柏凝峰。歲歲清明，霞光蔚

書家簡介：鍾明善，西安交通大學教授、博士生導師。中國書法家協會原副主席，陝西省書法家協會名譽主席。

◎桥山古柏

癸亥 公元一九八三年

【公祭情况】

1983（癸亥）年清明公祭典礼，陕西省暨延安地区和黄陵县各界群众以及港澳台同胞、台属代表共3000余人参加。陕西省人大常委会副主任张毅忱主祭。陕西省副省长李连璧、省政协副主席沈尚贤等陪祭。张毅忱恭读祭文。李连璧、沈尚贤先后讲话。

公祭现场

陕西省人大常委会副主任张毅忱恭读祭文

各界代表敬献花圈

参祭代表在桥山植树

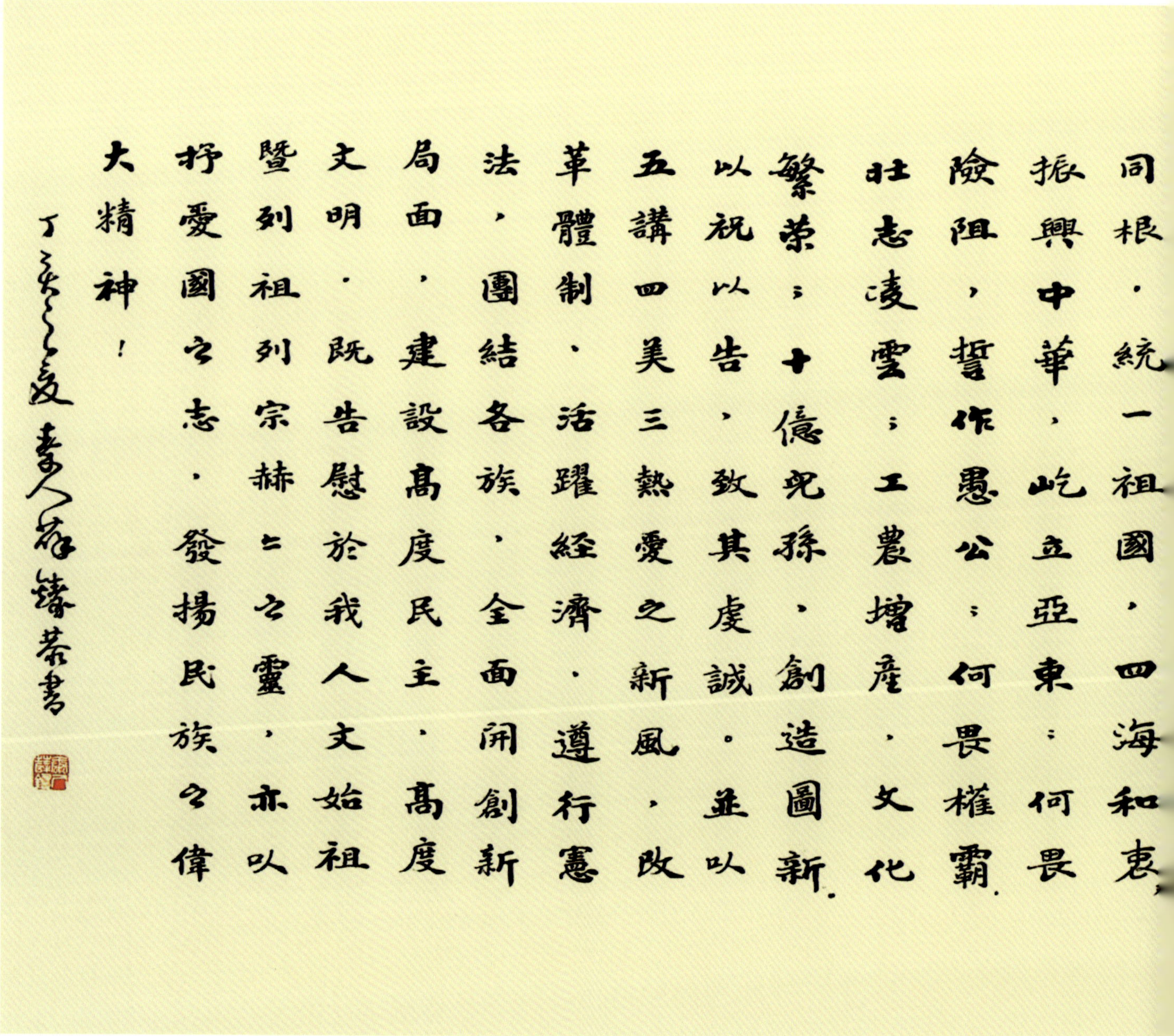
同根，統一祖國，四海和衷；振興中華，屹立亞東；何畏險阻，誓作愚公；何畏權霸，壯志凌雲；工農增產，文化繁榮；十億兒孫，創造圖新，以祝以告，致其虔誠。並以五講四美三熱愛之新風，改革體制，活躍經濟，遵行憲法，團結各族，全面開創新局面，建設高度民主，高度文明。既告慰於我人文始祖暨列祖列宗赫赫之靈，亦以抒愛國之志，發揚民族之偉大精神！

癸亥（1983）年清明公祭轩辕黄帝文

公元一九八三年四月五日清明节，陕西省人民代表大会常务委员会、陕西省人民政府，陕西省政协、延安地区行署、黄陵县人民代表大会常务委员会，黄陵县人民政府暨各界代表，敬备鲜花雅乐，恭祭始祖轩辕黄帝之陵。

巍巍桥陵，虎踞龙腾，清流毓秀，翠柏凝春。时届清明，霞光蔚蕴。凡我华奇，黄帝子孙，莫非手足，谊属同根。统一祖国，四海和衷；振兴中华，屹立亚东；何畏险阻，誓作愚公；何畏权霸，壮志凌云；工农增产，文化繁荣；十亿儿孙，创造图新。以祝以告，致其虔诚。并以五讲四美三热爱之新风，改革体制，活跃经济，遵行守法，团结各族，全面开创新局面，建设高度民主，高度文明。既告慰于我人文始祖暨列祖列宗赫赫之灵，亦以抒爱国之志，发扬民族之伟大精神！

癸亥年清明公祭軒轅黃帝文

公元一九八三年四月五日清明節，陝西省人民代表大會常務委員會、陝西省人民政府、陝西省政協、延安地區行署，黃陵縣人民代表大會常務委員會、黃陵縣人民政府暨各界代表，敬備鮮花雅樂，恭祭始祖軒轅黃帝之陵。

巍巍橋陵，虎踞龍騰，清流毓秀，翠柏凝春，時屆清明，霞光蔚蘊，凡我華裔，黃帝子孫，莫非手足，誼屬

书家简介：薛　铸，陕西省书法家协会名誉主席，陕西省文史研究馆馆员，中国书法家协会理事。

◎桥山汉武仙台

甲子

公元一九八四年

【公祭情况】

1984（甲子）年清明公祭典礼，陕西省暨延安地区和黄陵县各界群众以及港澳台同胞、海外侨胞代表共3000余人参加。陕西省省长李庆伟主祭。中共中央顾问委员会委员、原中共中央纪律检查委员会副书记张策，省人大常委会副主任熊应栋，省政协副主席胡景儒等陪祭。古乐声中，李庆伟、黄陵县人大常委会、县人民政府、县政协的负责人，台胞、台属和陕西省青年联合会的代表先后向黄帝敬献花篮、花圈。延安地区行政公署专员高树岐恭读祭文。李庆伟、胡景儒先后讲话。

公祭现场

陕西省省长李庆伟敬献花篮

公祭礼毕，参祭代表在轩辕庙人文初祖殿前合影留念

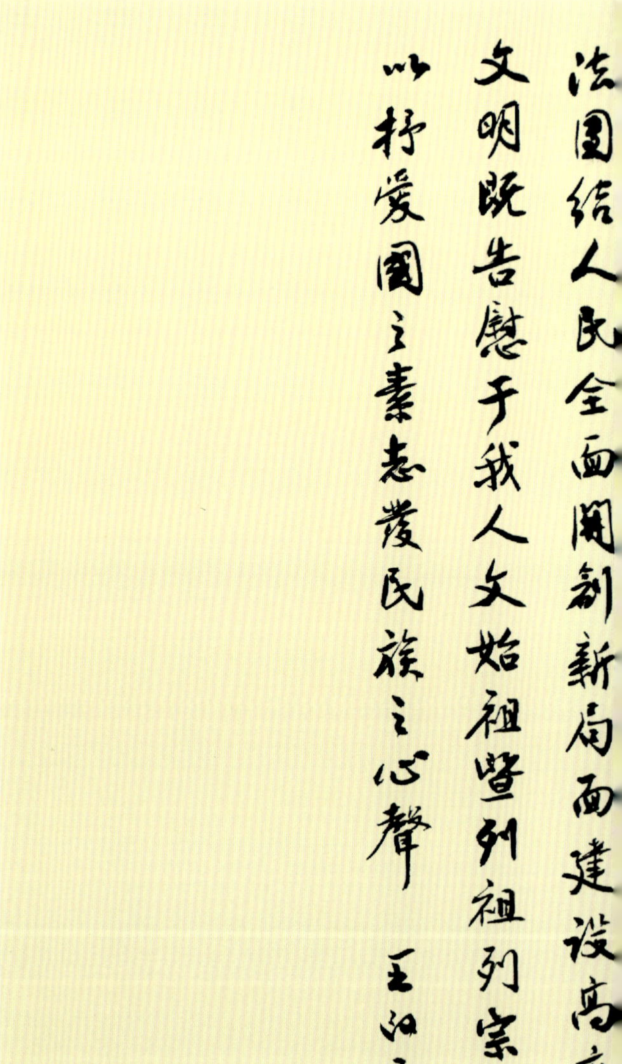

甲子（1984）年清明公祭轩辕黄帝文

公元一九八四年四月四日，节届清明，春雨潜潜。陕西省人民代表大会常务委员会、陕西省人民政府、陕西省政协、延安行政公署、黄陵县人民代表大会常务委员会、黄陵县人民政府暨各界汽表，敬备鲜花雅乐，祭扫始祖轩辕黄帝之陵。

巍巍桥陵，虎踞龙腾，清流毓秀，翠柏凝春。岁岁清明，霞光蔚蕴。凡我华裔，黄帝子孙，莫非手足，谊属同根。统一祖国，共同愿望；振兴中华，四海一心。何惧险阻，愚公精神；何畏权霸，壮志凌云。昌盛繁荣，同耕同耕。万里神州，团花织锦；十亿儿孙，众志成城。以祝以告，致其虔诚。并敢以五讲四美三热爱之新风，改革体制，活跃经济，遵行守法，团结人民，全面开创新局面，建设高度民主，高度文明，既告慰于我人文始祖暨列祖列宗赫赫之灵，亦以抒爱国之素志，发民族之心声！

甲子年清明公祭轩辕黄帝文

公元一九八四年四月四日节届清明春雨潇潇陕西省人民代表大会常务委员会陕西省人民政府陕西省政协延安行政公署黄陵县人民代表大会常务委员会黄陵县人民政府暨各界代表敬备鲜花雅乐祭扫始祖轩辕黄帝之陵 巍巍桥陵虎踞龙蟠清流毓秀翠柏滋春岁岁清明霞光蔚蕴凡我华裔黄帝子孙莫非手足谊属同根统一祖国共同愿望振兴中华四海一心何惧险阻愚公精神何畏权霸壮志凌云昌盛繁荣同耘同耕万里神州国花织锦十亿儿孙众志成城以祝以告致其虔诚荐献以五讲四美三热爱之新风改革[illegible]

书家简介：王改民，中共陕西省委秘书长，陕西省书法家协会副主席兼秘书长，中国书法家协会西安创作基地主任。

【重要拜谒】

1984年6月7日，中共中央政治局候补委员、书记处书记、国务院副总理姚依林（前排右三）拜谒黄帝陵

乙丑 公元一九八五年

【公祭情况】

1985（乙丑）年清明公祭典礼，陕西省暨延安地区和黄陵县各界群众以及港澳台同胞、海外侨胞代表共5000余人参加。陕西省人大常委会副主任陈明主祭。副省长林季周、省政协副主席胡景儒等陪祭。陕西省人大常委会、省人民政府、省政协、省台湾同胞联谊会、省归国华侨联谊会以及延安地区、黄陵县等机关和单位敬献花篮、花圈。陈明恭读祭文。林季周、胡景儒先后讲话。主祭人和陪祭人在黄帝陵前植树纪念。

公祭现场

全体代表行肃穆礼

黄陵县群众代表敬献面花祭品

陕西省政协副主席胡景儒讲话

公祭礼毕，参祭代表在黄帝陵前合影留念

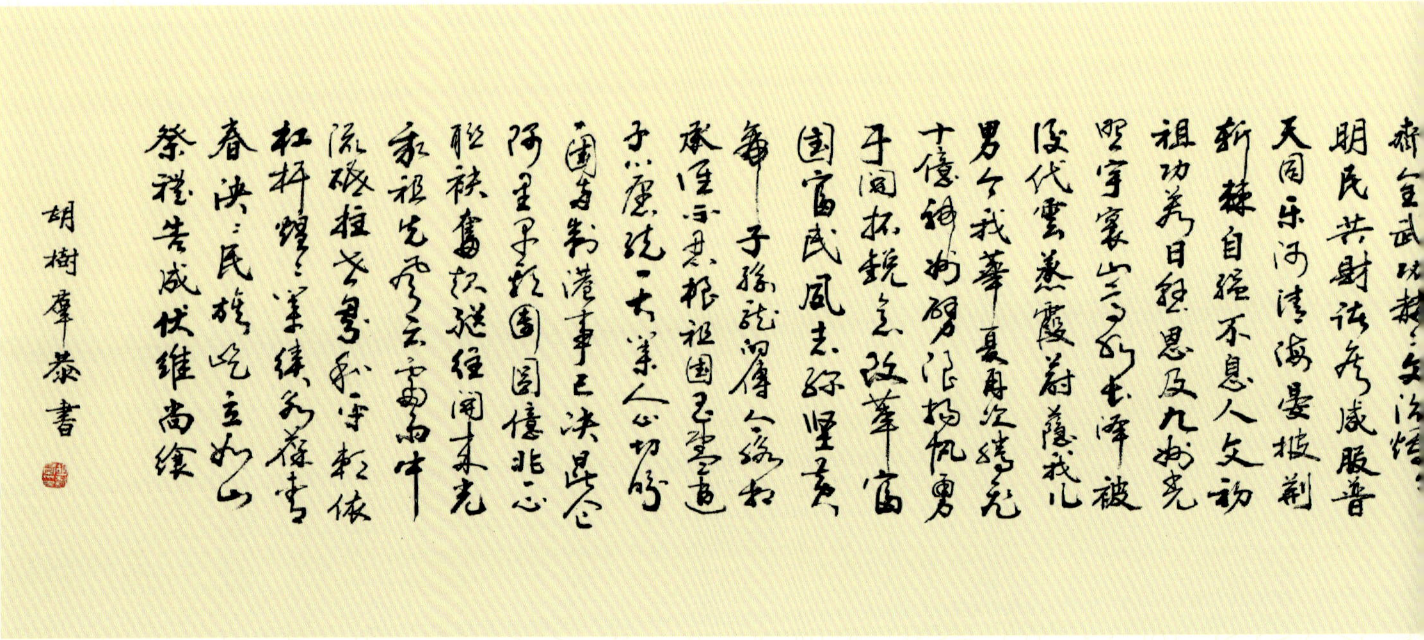

乙丑（1985）年清明公祭轩辕黄帝文

维公元一九八五年四月五日，时值民族扫墓节之期，陕西省人民代表大会常务委员会、陕西省人民政府、陕西省政协、延安行政公署、黄陵县人民代表大会常务委员会、黄陵县人民政府、黄陵县政协暨各界代表、海外华侨，谨以鲜花束帛之仪，致祭于我中华民族始祖轩辕黄帝之陵。辞曰：

滔滔黄河，九曲东流；巍巍桥陵，虎踞龙蟠，山环水复，拱卫龙驭；松柏虬髯，黛色参天。位临圣土，心事拿云；念我始祖，创业维难。教民种黍，挈妇养蚕；服牛乘马，车具指南。文字礼乐，五音齐全；武功赫赫，文治烂烂。明民共财，诸侯咸服；普天同乐，河清海晏。披荆斩棘，自强不息；人文初祖，功若日悬；恩及九州，光照宇寰。山高水长，泽被后代；云蒸霞蔚，荫我儿男。今我华夏，再次腾飞；十亿神州，劈浪扬帆。勇于开拓，锐意改革；富国富民，夙志弥坚。黄帝子孙，龙的传人；一脉相承，谁不思根！祖国昌盛，游子心愿；统一大业，人心切盼。一国两制，港事已决；昆仑阿里，早期团圆。亿兆一心，联袂奋

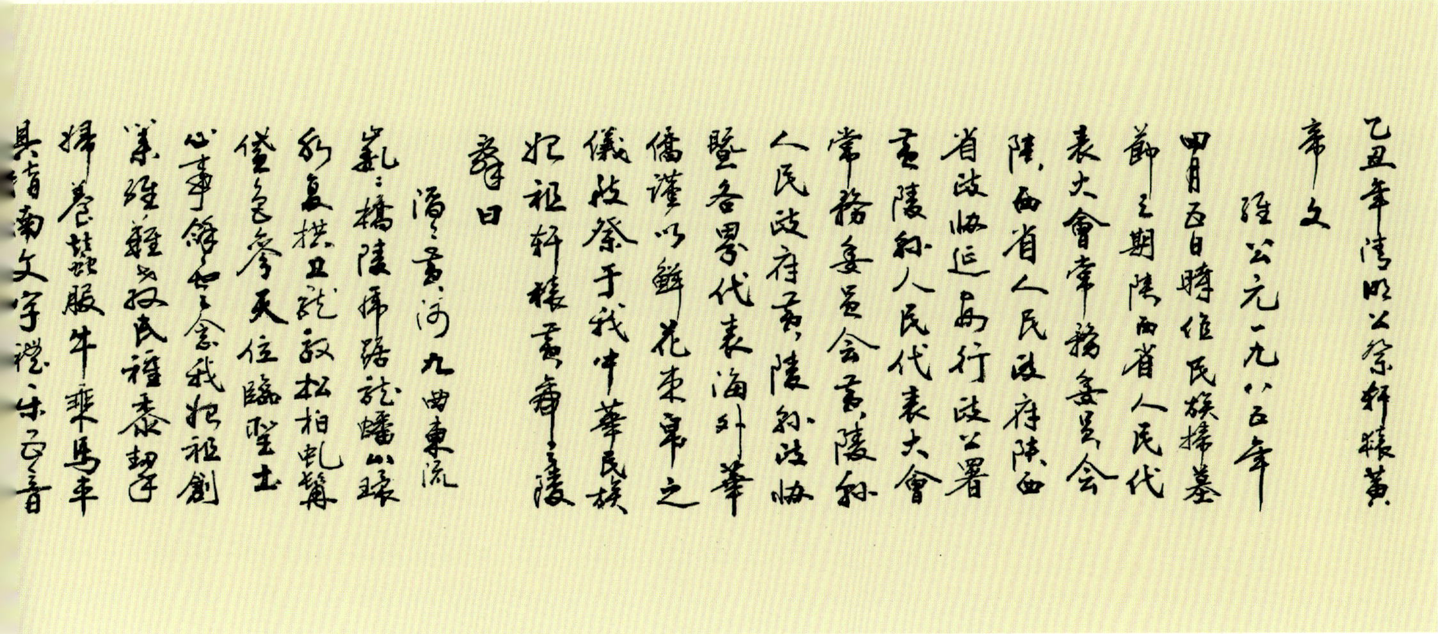

起；继往开来，光我祖先。风云雷雨，中流砥柱；世界和平，赖依杠杆。煌煌业绩，永葆青春；泱泱民族，屹立如山！祭礼告成，伏维尚飨！

书家简介：胡树群，陕西省文联副主席，陕西省书法家协会顾问，陕西省文史研究馆研究员学会会长。

◎位于桥山神道入口处的“文武官员至此下马”石

丙寅

公元一九八六年

【公祭情况】

1986（丙寅）年清明公祭典礼，陕西省暨延安地区和黄陵县各界群众以及港澳台同胞、海外侨胞和陕西省各民主党派、群众团体、归侨、侨眷代表共6000余人参加。陕西省人大常委会副主任何承华主祭，副省长徐山林，省政协副主席魏明中、孙天义等陪祭。陕西省人大常委会、省人民政府、省政协、省台湾同胞联谊会和延安地区行署、黄陵县政府等分别向黄帝敬献花篮、花圈。何承华恭读祭文。徐山林、魏明中先后讲话。各界代表在陵前栽植柏树100株。

公祭礼毕，参祭代表在黄帝陵前合影留念

丙寅（1986）年清明公祭轩辕黄帝文

维公元一九八六年四月五日，和风骀荡，万物复萌。陕西省人民代表大会常务委员会、陕西省人民政府、中国人民政治协商会议陕西省委员会、延安行政公署、黄陵县人民代表大会常务委员会、黄陵县人民政府、中国人民政治协商会议陕西省黄陵县委员会暨各界代表、台港澳同胞和海外华侨，谨以鲜花雅乐之仪，敬祭于轩辕黄帝之陵曰：

时值清明，恭谒桥陵。缅怀始祖，开创文明。立国讫今，五千春冬。一脉赓续，百代相承。今者，社会主义新时期，古国历史新里程。兴改革之春风，浩浩荡荡；展四化之宏图，熠熠煌煌。内则活跃经济，国力昭苏，民生日臻康阜；外则实行开放，文化交流，科技载播扬。举贤任能，马空冀北；拨乱反正，立法备章。披心相付，国际地位日高；自强不已，民族精神发扬。凡我华裔，莫不谊切苔岑，同荣共辱；更应奋发蹈厉，戮力同心。或居河淮南北，或处台港五洲。举

视崔嵬之黄陵，尽是轩辕子孙；仰瞻参天之黛柏，俱乃同气连根。明月尚有圆时，家国岂可久分？金瓯无缺，人同此心；振兴中华，匹夫共任。祖国昌盛，万民乐业；伯歌季舞，同庆升平。泱泱华族，永永无间；锲而不舍，信而有征！俾能上无忝于先祖，下无愧于后人。悠悠自情，敢告始尊。尚飨！

书家简介：邱宗康，陕西省书法家协会副主席兼秘书长，西安理工大学兼职教授。

【重要拜谒】

1986年5月25日，国务院副总理田纪云（前排左二）拜谒黄帝陵

◎桥山古柏

◎桥山登陵道

公元一九八七年

丁卯

【公祭情况】

1987（丁卯）年清明公祭典礼，陕西省暨延安地区和黄陵县各界群众以及港澳台同胞、海外侨胞共5000余人参加。陕西省人大常委会副主任李连璧主祭。中共中央统战部副部长武连元，陕西省副省长曾慎达，省政协副主席高凌云、李经纶、孙天义，省各民主党派和群众团体代表等100余人陪祭。李连璧恭读祭文。曾慎达、李经纶先后讲话。省人大常委会、省人民政府、省政协、省海外联谊会以及来自香港、澳门地区和美国、加拿大、比利时、日本、印尼、新加坡等国家的海外侨胞代表分别向黄帝敬献花篮。省青年联合会、延安地区行署、黄陵县政府敬献花圈和民间供品。各界人士在陵前植树纪念。

公祭现场

参祭代表步入公祭现场

陕西省人大常委会副主任李连璧恭读祭文

公祭现场

公祭礼毕，参祭代表在黄帝陵前合影留念

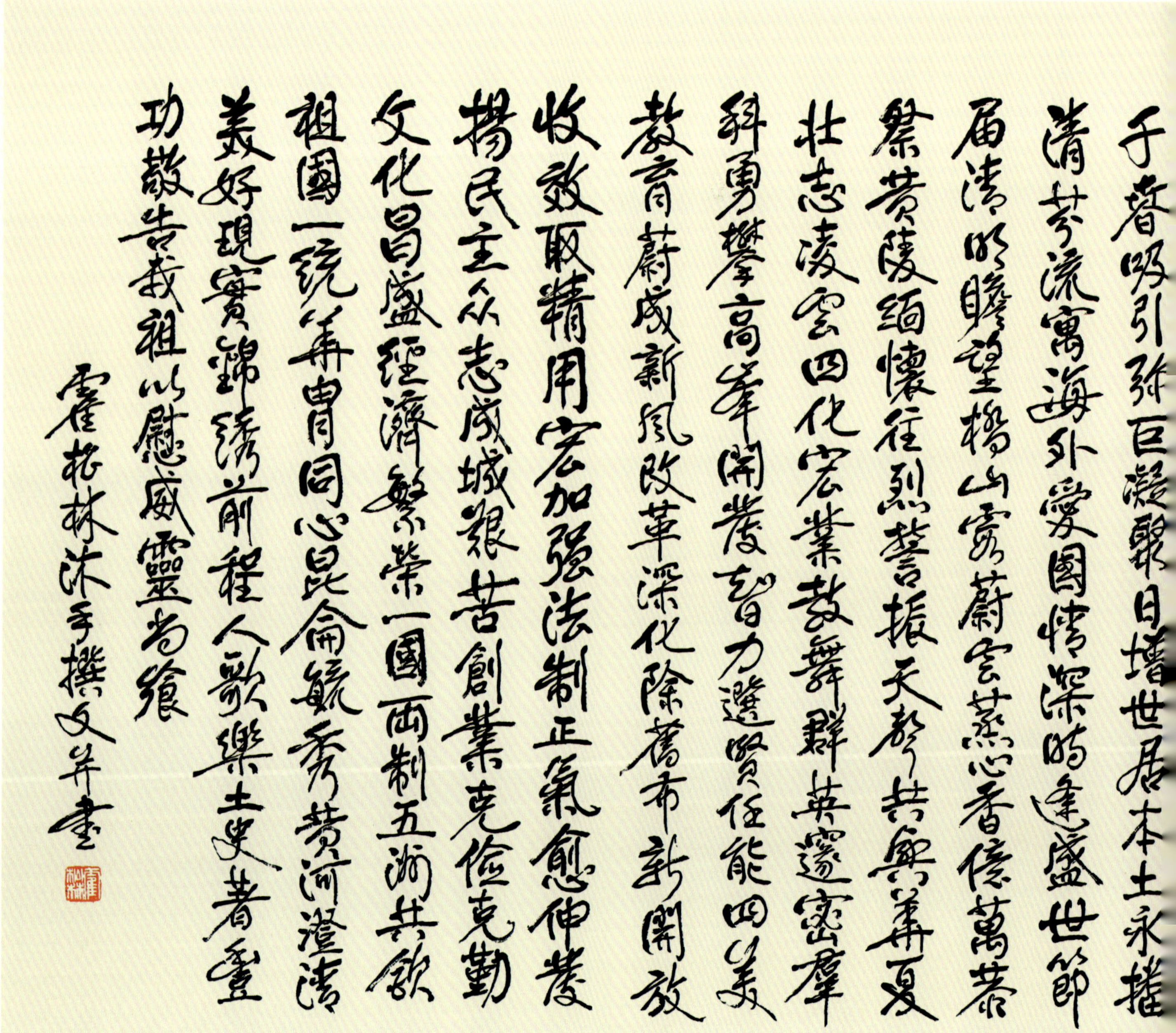

丁卯年（1987）清明公祭轩辕黄帝文

维公元一九八七年四月五日，风和日丽，春满神州。陕西省人民代表大会常务委员会、陕西省人民政府、中国人民政治协商会议陕西省委员会、延安行政公署、黄陵县人民代表大会常务委员会、黄陵县人民政府、中国人民政治协商会议陕西省黄陵县委员会暨各界代表、台港澳同胞、海外侨胞，谨以鲜花清醴，敬祭于轩辕黄帝之陵曰：

皇皇元祖，继武羲农。崛起神州，斩棘披荆。诸侯宾服，百姓康宁。大展鸿猷，始肇文明。功高万代，泽被后昆。绵绵瓜瓞，咸秉懿行。建功立业，虎跃龙腾。光辉历史，越五千春。吸引弥巨，凝聚日增。世居本土，永播清芬。流寓海外，爱国情深。时逢盛世，节届清明。瞻望桥山，霞蔚云蒸。心香亿万，恭祭黄陵。缅怀往烈，誓振天声。共兴华夏，壮志凌云。四化宏业，鼓舞群英。邃密群科，勇攀高峰。开发智力，选贤任能。四美教育，蔚成新风。改革深化，除旧布

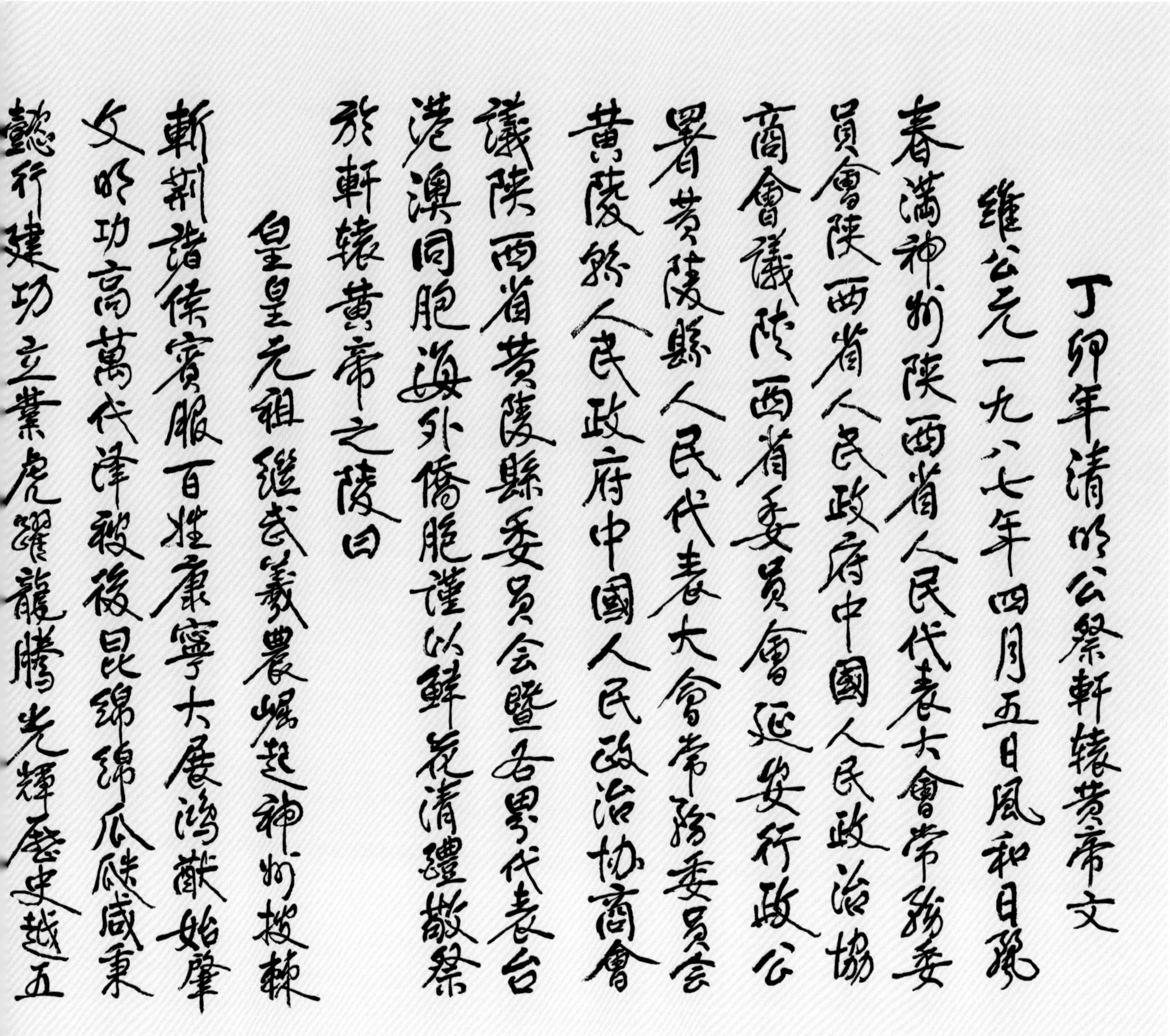

新。开放收效，取精用宏。加强法制，正气愈伸。发扬民主，众志成城。艰苦创业，克俭克勤。文化昌盛，经济繁荣。一国两制，五洲共钦。祖国一统，华胄同心。昆仑毓秀，黄河澄清。美好现实，锦绣前程。人歌乐土，史著丰功。敬告我祖，以慰威灵。尚飨！

书家简介：霍松林，著名文艺理论家和古典文学研究专家。现任陕西师范大学文学院名誉院长、博士生导师，中华诗词学会名誉会长等职。

【重要拜谒】

1987年9月13日，中共中央政治局委员胡乔木（前排右二）拜谒黄帝陵

戊辰 公元一九八八年

【公祭情况】

1988（戊辰）年清明公祭典礼，陕西省暨延安地区和黄陵县各界群众以及港澳台同胞、海外侨胞代表共10000余人参加。陕西省人大常委会副主任邓国忠主祭。副省长张斌，省政协副主席傅道伸等陪祭。陕西省人大常委会、省人民政府、省政协、省海外联谊会、省青年联合会、延安地区行署、黄陵县政府和港澳台同胞、海外侨胞代表分别向黄帝敬献花篮、花圈。邓国忠恭读祭文。张斌、傅道伸（时年91岁）分别讲话。各界代表和港澳台同胞、海外侨胞在陵区栽植柏树纪念。

公祭现场

全体代表行肃穆礼

陕西省人大常委会副主任邓国忠恭读祭文

陕西省副省长张斌讲话

全国重点文物保护单位标志碑

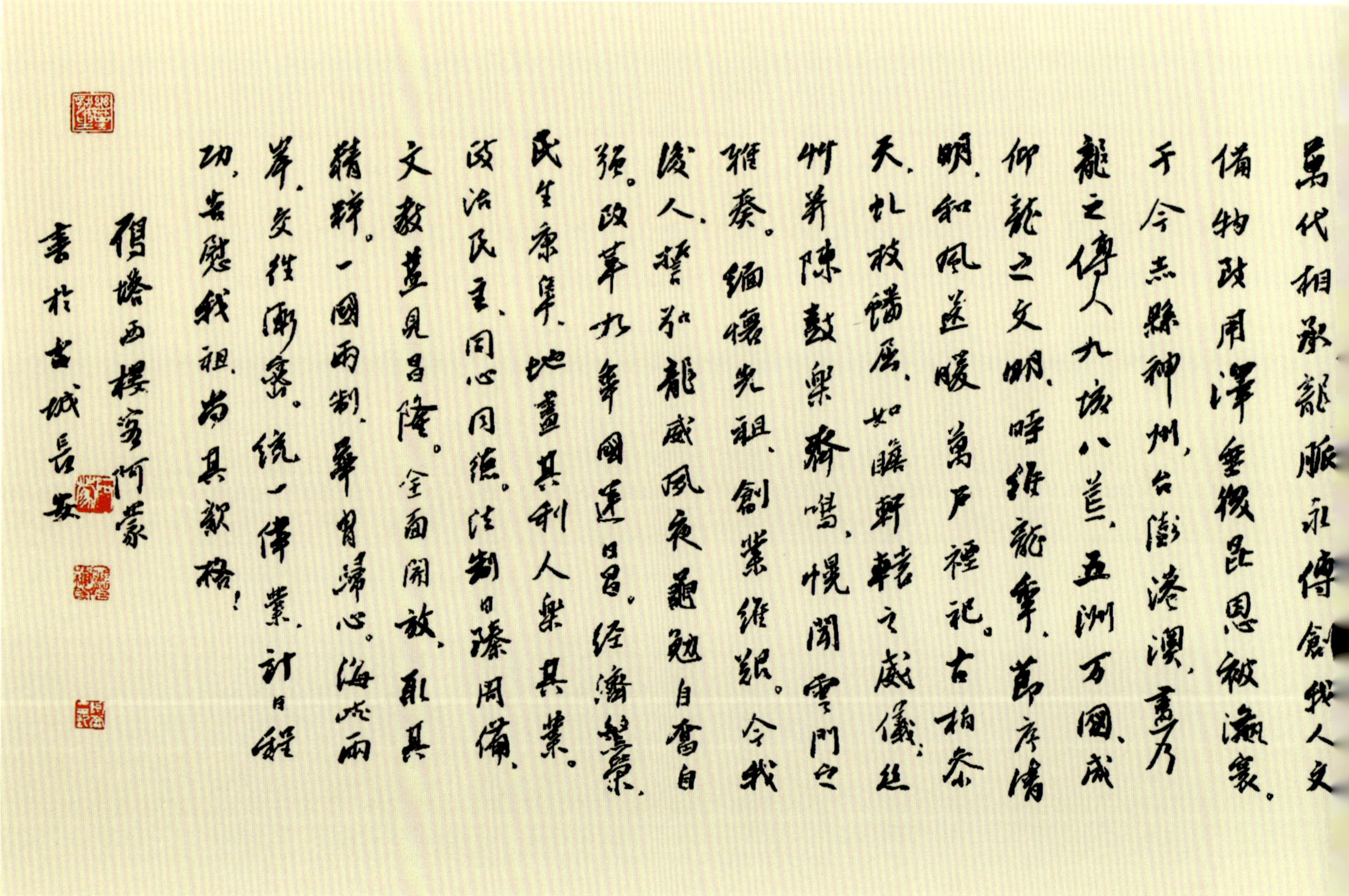

戊辰（1988）年清明公祭轩辕黄帝文

维公元一九八八年四月四日，民族扫墓之节，陕西省人民代表大会常务委员会、陕西省人民政府、中国人民政治协商会议陕西省委员会、延安行政公署、黄陵县人民代表大会常务委员会、黄陵县人民政府、中国人民政治协商会议陕西省黄陵县委员会暨各界代表、台港澳同胞、海外侨胞，谨以鲜花束帛之仪，致祭于我中华民族始祖轩辕黄帝之陵曰：

于赫元祖，敦敏聪明。生乃龙颜，驭龙升天。造我华族，胄衍祀绵，万代相承，龙脉永传。创我人文，备物致用，泽垂后昆，恩被瀛寰。于今赤县神州，台澎港澳，尽乃龙之传人；九垓八荒，五洲万国，咸仰龙之文明。时维龙年，节序清明，和风送暖，万户祀。古柏参天，虬枝蟠屈，如瞻轩辕之威仪；丝竹并陈，鼓乐齐鸣，恍闻云门之雅奏。缅怀先祖，创业维艰。今我后人，誓弘龙威。夙夜黾勉，自奋自强。改革九年，国运日昌。经济繁荣，民生康阜，地尽其利，人乐

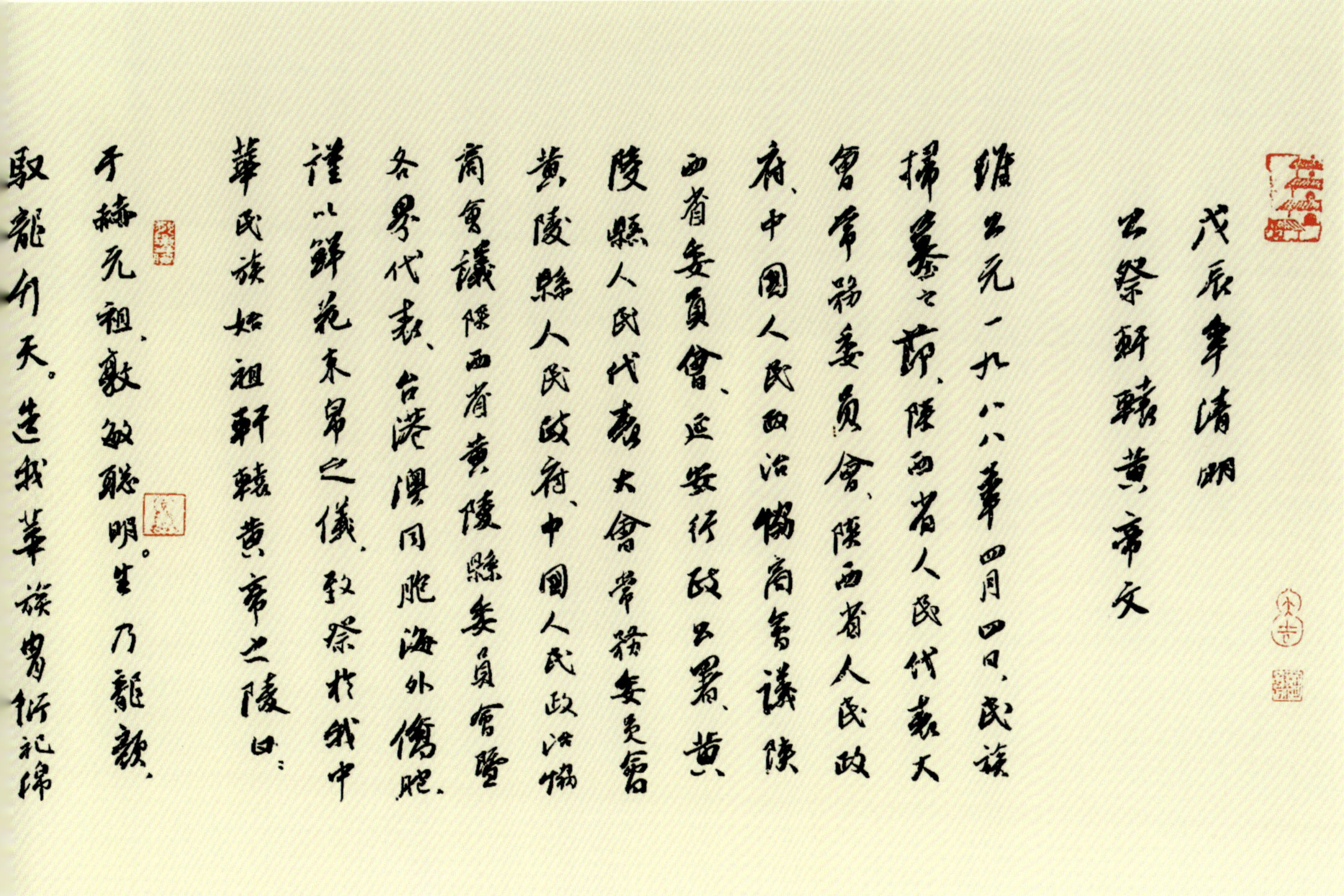

其业。政治民主，同心同德。法制日臻周备，文教益见昌隆。全面开放，取其精粹。一国两制，华胄归心。海峡两岸，交往渐密。统一伟业，计日程功。告慰我祖，尚其歆格！

书家简介：王　蒙，现任陕西省政协常委，陕西省书法家协会副主席，陕西省青年书法家协会主席。

【重要拜谒】

1988年6月7日，全国政协副主席马文瑞（第二排中）拜谒黄帝陵

己巳 公元一九八九年

【公祭情况】

1989（己巳）年清明公祭典礼，陕西省暨延安地区和黄陵县各界群众以及港澳台同胞、海外侨胞代表共6000余人参加。陕西省人大常委会副主任韦明海主祭。副省长刘春茂、省政协副主席刘良湛等陪祭。省人大常委会、省人民政府、省政协、省海外联谊会、省青年联合会、延安地区行署、黄陵县人大常委会、县人民政府、县政协和港澳台同胞、海外侨胞代表分别向黄帝敬献花篮。韦明海恭读祭文。刘春茂、刘良湛先后讲话。各界人士在桥山栽植柏树纪念。

公祭现场

全体代表行肃穆礼

公祭现场

各界代表敬献花篮

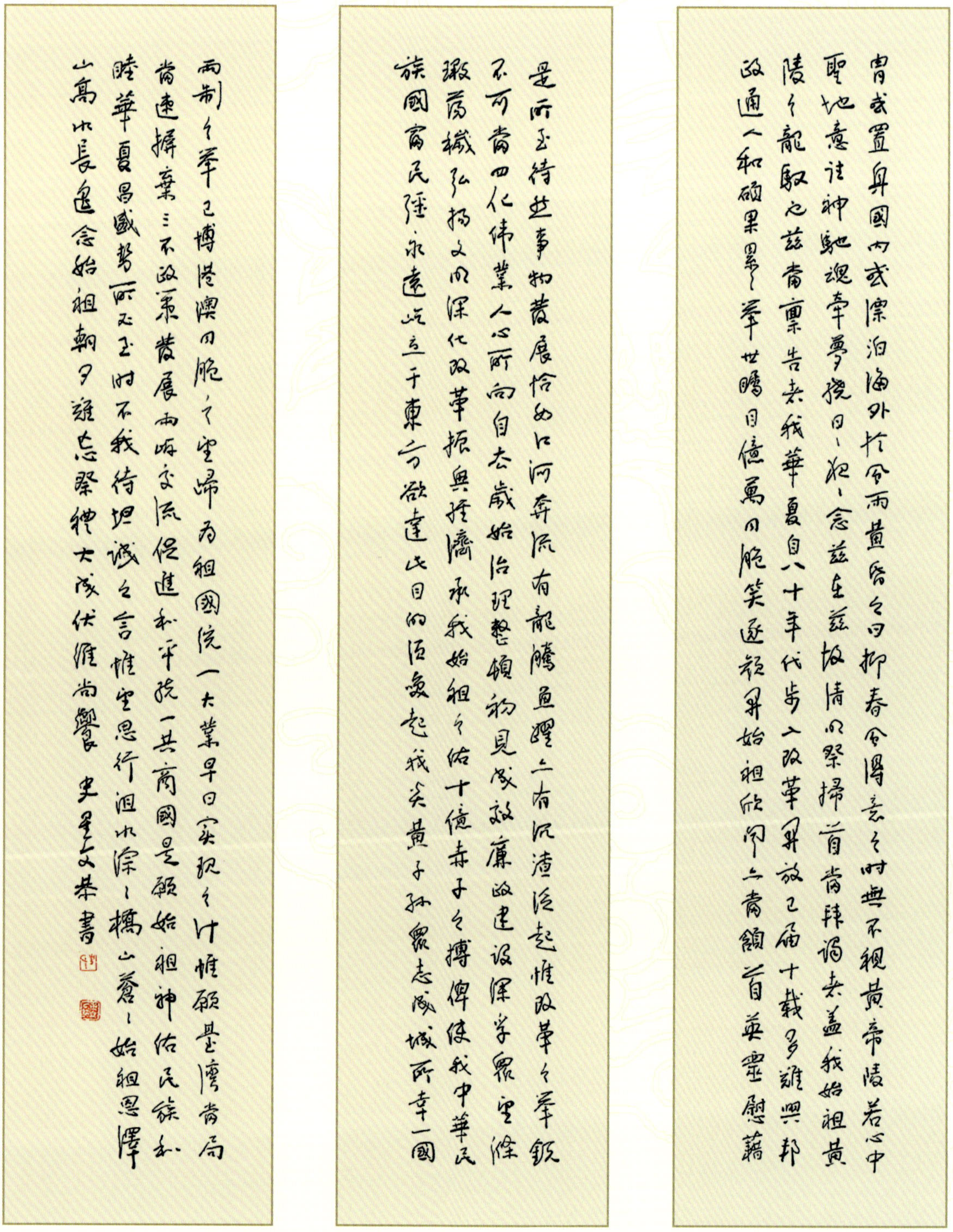

己巳（1989）年清明公祭轩辕黄帝文

时维公元一九八九年四月五日，序属阳气清明之节，陕西省人民代表大会常务委员会、陕西省人民政府、陕西省政协、延安行政公署、黄陵县人大常委会、黄陵县人民政府、黄陵县政协暨各界代表、台港澳同胞、海外华侨，群贤毕至，少长咸集于沮水绕流、古柏参霄之桥山巅峰，谨以鲜花束帛之仪，祀祭我中华民族之始祖轩辕黄帝之陵。辞曰：

岁月不居，时节如流，值此己巳季春孟夏之际，望我神州大地，祁祁甘雨，膏泽流盈，紫气氤氲，祥风惠畅。凡我祖先庐墓所在之地，无不人流接踵，崇礼惟谨，缅怀如仪，至竭至诚。诗曰：“清明祭扫各纷然”，即描绘此情此景。窃闻：“高山仰止，景行行止”；盛德在御，四灵可畜。惟我始祖于列祖列宗中之至尊至上，耿光大烈，人神共仰。乾坤缔造，披荆拓荒。艰难玉成，文明肇创。栉风沐雨，泽被四方。启滞导生，万物滋畅。功盖日月，义满天壤。峻德弥绩，洪大无量。追自桥山驭龙升天之后，陵寝安息于兹。亭亭物表，皎皎霞外，庙貌天下，香烟不绝，致祭之仪尔来千百载矣。凡我黄帝子孙，华夏裔胄，或置身国内，或漂泊海外，于风雨黄昏之日，抑春风得意之时，无不视黄帝陵若心中圣地。意往神驰，魂牵梦绕，日日夜夜，念兹在兹！故清明祭扫，首当拜谒者，盖我

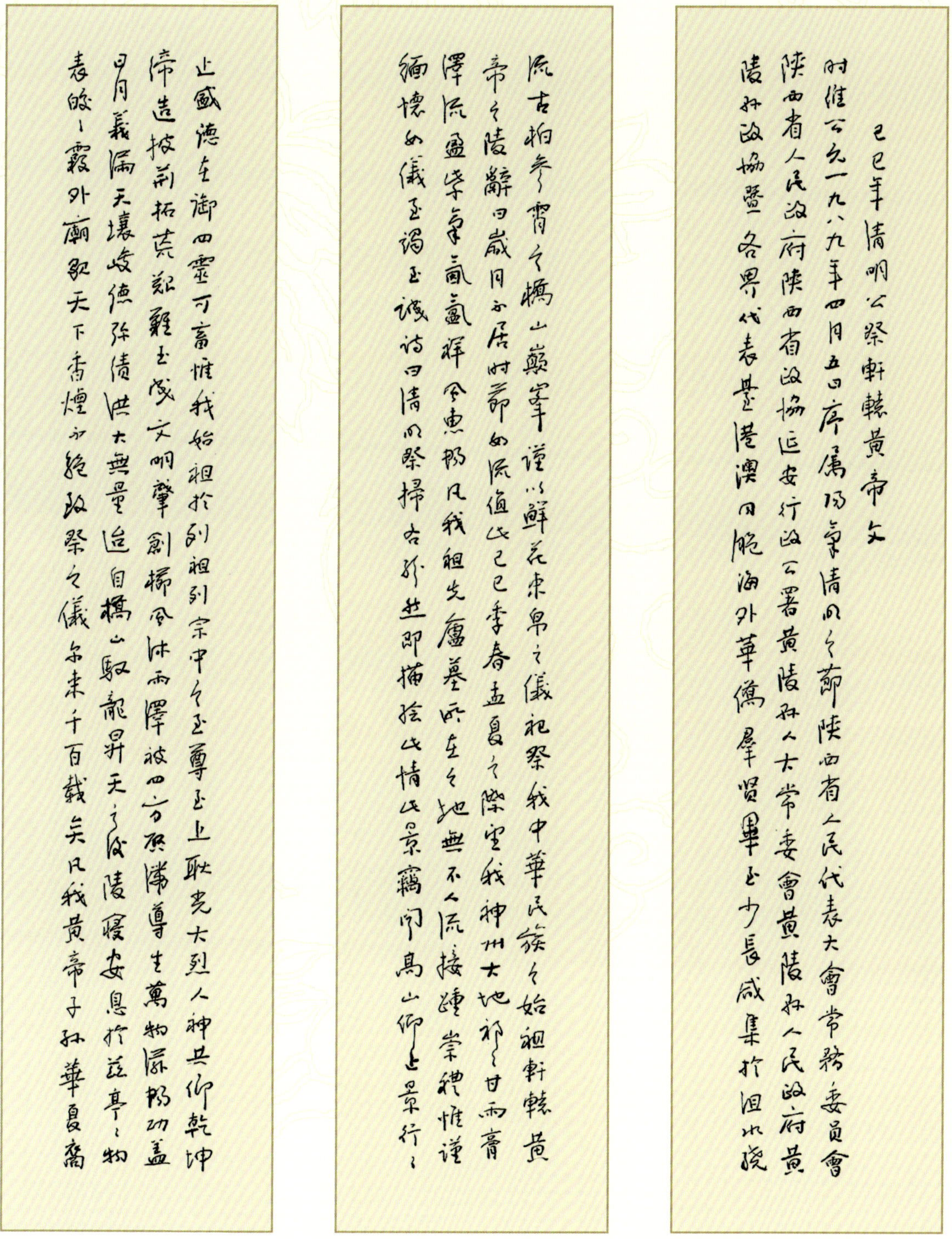

始祖黄陵之龙驭也。

兹当禀告者，我华夏自八十年代步入改革开放，已届十载。多难兴邦，政通人和。硕果累累，举世瞩目，亿万同胞，笑逐颜开。始祖欣闻，亦当颔首，英灵慰藉，是所至待。然事物发展，恰如江河奔流，有龙腾鱼跃，亦有沉渣泛起。惟改革之举，锐不可当，四化伟业，人心所向。自去岁始，治理整顿，初见成效；廉政建设，深孚众望。涤瑕荡秽，弘扬文明，深化改革，振兴经济。承我始祖之佑十亿赤子之搏，俾使我中华民族国富民强，永远屹立于东方。欲达此目的，须唤起我炎黄子孙，众志成城。所幸"一国两制"之举，已博港澳同胞之望归。为祖国统一大业早日实现之计，惟愿台湾当局当速摒弃"三不"政策，发展两岸交流，促进和平统一，共商国是。愿始祖神佑，民族和睦，华夏昌盛，势所必至，时不我待。坦诚之言，惟望思行。沮水淙淙，桥山苍苍，始祖恩泽，山高水长，遥念始祖，朝夕难忘。祭礼大成，伏维尚飨！

书家简介：史星文，中国书法家协会会员，中国散文学会会员，陕西省书法家协会秘书长。

◎桥山登陵道入口

庚午 公元一九九〇年

【公祭情况】

1990（庚午）年清明公祭典礼，陕西省暨延安地区和黄陵县各界群众以及港澳台同胞、海外侨胞代表约10000人参加。陕西省人大常委会副主任余明主祭。副省长潘蓓蕾、省政协副主席胡景通等陪祭。省人大常委会、省人民政府、省政协、省海外联谊会、省青年联合会、海外侨胞代表、延安地区行署、黄陵县人大常委会、县人民政府、县政协。桥山镇人民政府和群众代表分别向黄帝敬献花篮、花圈和祭品。余明恭读祭文。潘蓓蕾、胡景通先后讲话。各界人士及海外侨胞在陵区栽植了纪念树。

公祭现场

仪仗礼仪引领参祭代表进入公祭现场

黄陵县群众代表敬献祭品

全体代表行肃穆礼

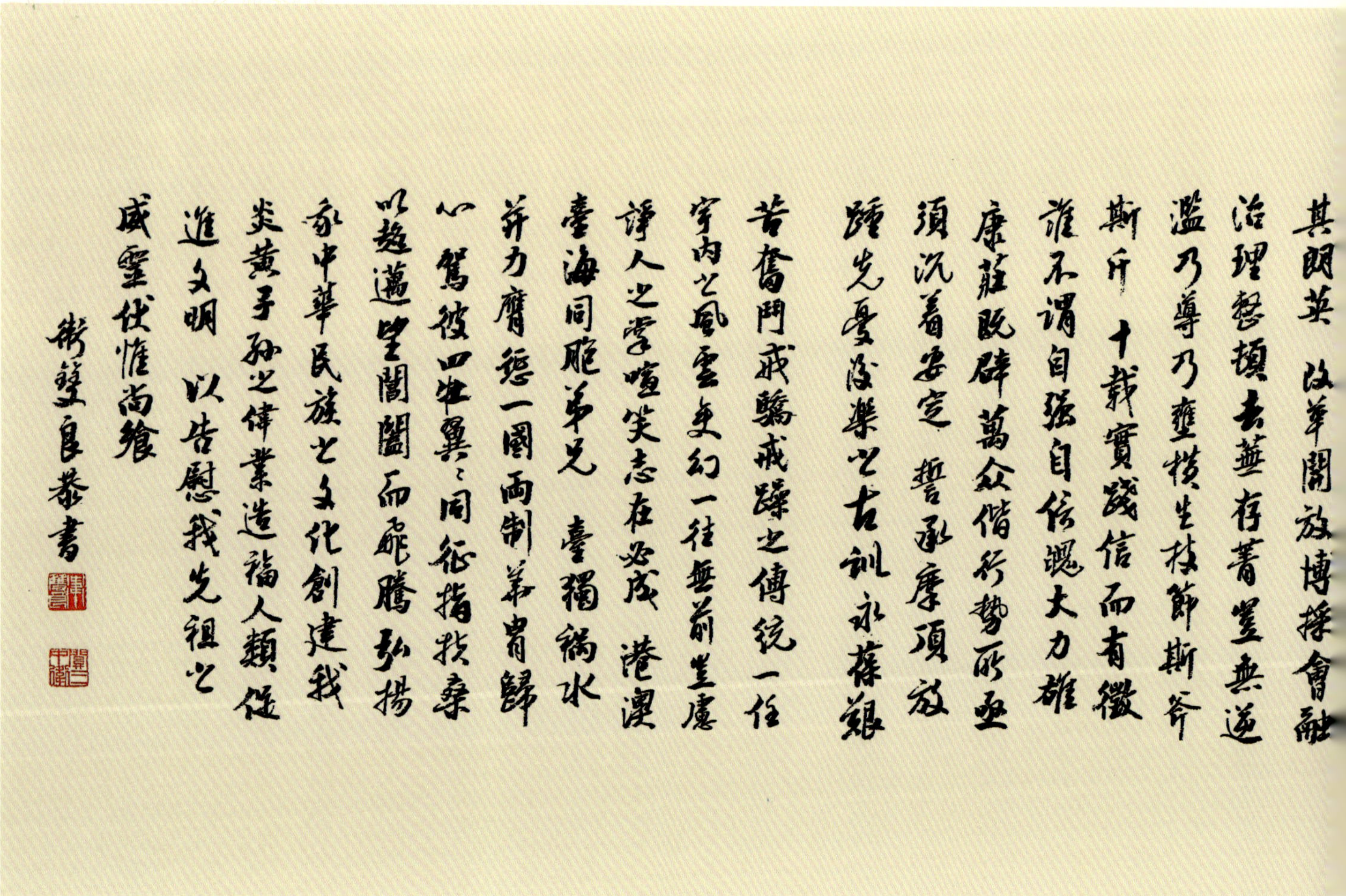

庚午（1990）年清明公祭轩辕黄帝文

维公元一九九零年四月五日，春满人寰，桥山翠凝。陕西省人民代表大会常务委员会、陕西省人民政府、中国人民政治协商会议陕西省委员会、延安行政公署、黄陵县人民代表大会常务委员会、黄陵县人民政府、中国人民政治协商会议陕西省黄陵县委员会暨各界代表、台港澳同胞、海外侨胞，谨以清醴芳花，敬祀于轩辕黄帝之陵曰：

惠风和畅，节届清明，怀我元祖，四海同情。艺植宫室，以利民生；舟车指南，以济不通；象形依类，厥始有文。绵绵胄裔，载恢载弘，国魂族心，叶茂根深。欲撼之者适见其形秽，赞仰之者弥睹其朗英。改革开放，博采会融；治理整顿，去芜存菁。岂无逆滥，乃导乃壅；横生枝节，斯斧斯斤。十载实践，信而有徵，谁不谓自强自信，魄大力雄？康庄既辟，万众偕行，势所亟须，沉着安定。誓承摩顶放踵、先忧后乐之古训，永葆艰苦奋斗、戒骄戒躁之传统，一任宇内之

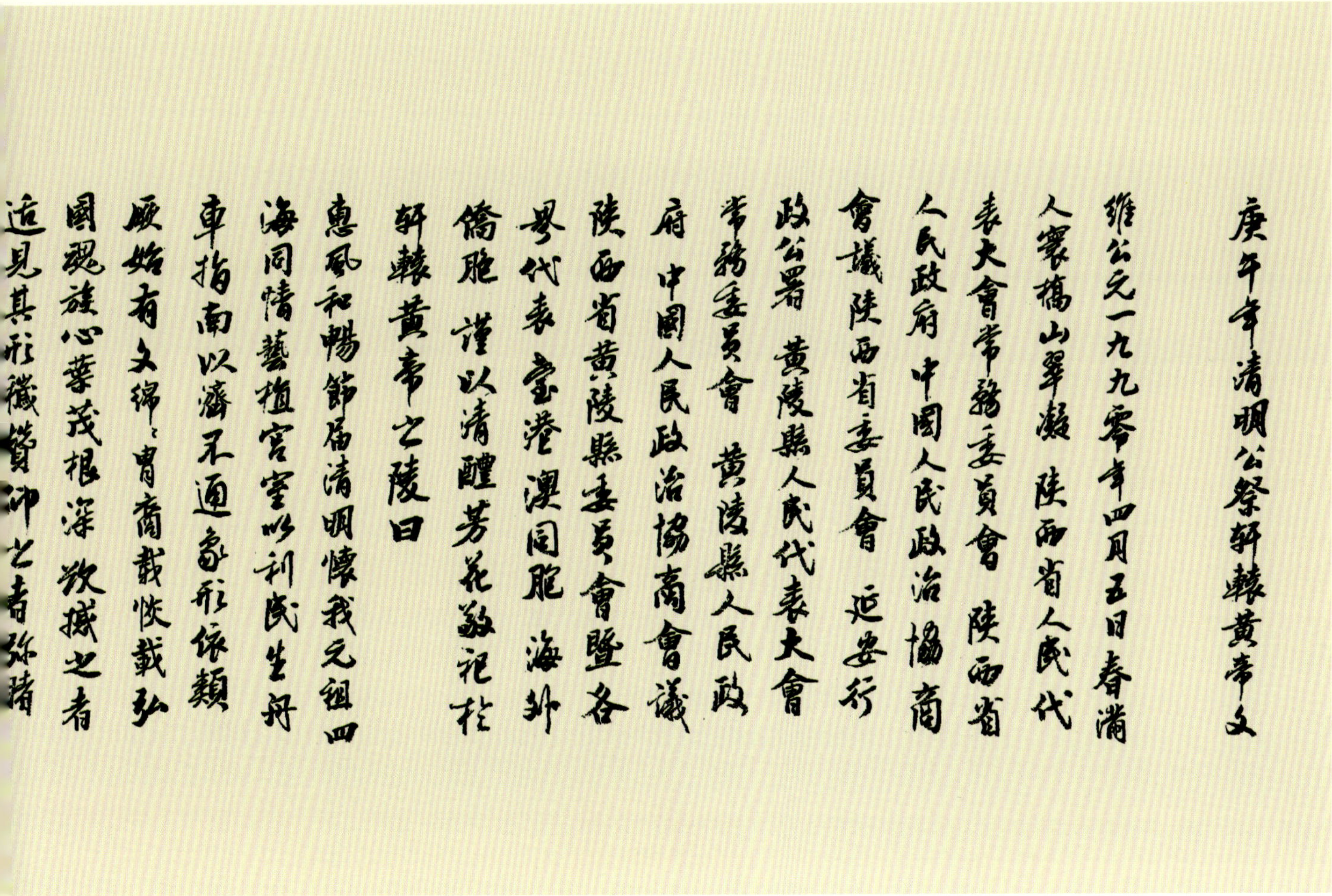
庚午年清明公祭軒轅黃帝文

維公元一九九零年四月五日春滿人寰禧山翠凝陝西省人民代表大會常務委員會 陝西省人民政府 中國人民政治協商會議陝西省委員會 延安行政公署 黃陵縣人民代表大會常務委員會 黃陵縣人民政府 中國人民政治協商會議陝西省黃陵縣委員會暨各界代表 臺港澳同胞 海外僑胞 謹以清醴芳花致祀於軒轅黃帝之陵曰

惠風和暢節屆清明懷我元祖四海同情藝植宮室以利民生舟車指南以濟不通象形依類厥始有文綿綿胄裔載恢載弘國魂旌心葉茂根深致挹之者追見其形識贊仰之者彌精

风云变幻，一往无前；岂虑诤人之掌喧笑，志在必成。港澳台海，同胞弟兄；台独祸水，并力膺惩；一国两制，华胄归心。驾彼四牡，翼翼同征；指扶桑以超迈，望阊阖而飞腾。弘扬我中华民族之文化，创建我炎黄子孙之伟业，造福人类，促进文明，以告慰我先祖之威灵。伏惟尚飨！

书家简介：卫双良，中国经济发展研究院研究员，陕西省书法家协会理事。

【重要拜谒】

1990年4月19日，中共中央政治局常委、书记处书记李瑞环（前排中）拜谒黄帝陵

辛未 公元一九九一年

【公祭情况】

1991（辛未）年清明公祭典礼，陕西省暨延安地区和黄陵县各界代表、港澳台同胞、海外侨胞共15000余人参加，国务院对台湾事务办公室副局长许家先专程前来参加。陕西省人大常委会副主任高凌云主祭。副省长姜信真、省政协副主席张鹤龄等陪祭。公祭典礼在悠扬凝重的古乐声中开始。省人大常委会、省人民政府、省政协、省海外联谊会、省黄埔军校同学会、省青年联合会、延安地区行署、黄陵县人大常委会等以及专程回大陆的台湾中华黄埔四海同心会祭谒黄帝代表团、台湾中华伦理教育学会祭祖团、台湾知名人士祭祖团、海外同胞祭祖团、香港同胞祭祖团等170名台港澳同胞、海外侨胞分别向黄帝敬献花篮、花圈或祭品。高凌云恭读祭文。姜信真、张鹤龄先后讲话。各界代表与台港澳同胞、海外侨胞一起在桥山植树留念。

公祭现场

公祭仪仗礼仪

各界代表敬献花篮

黄陵县群众制作的面花祭品

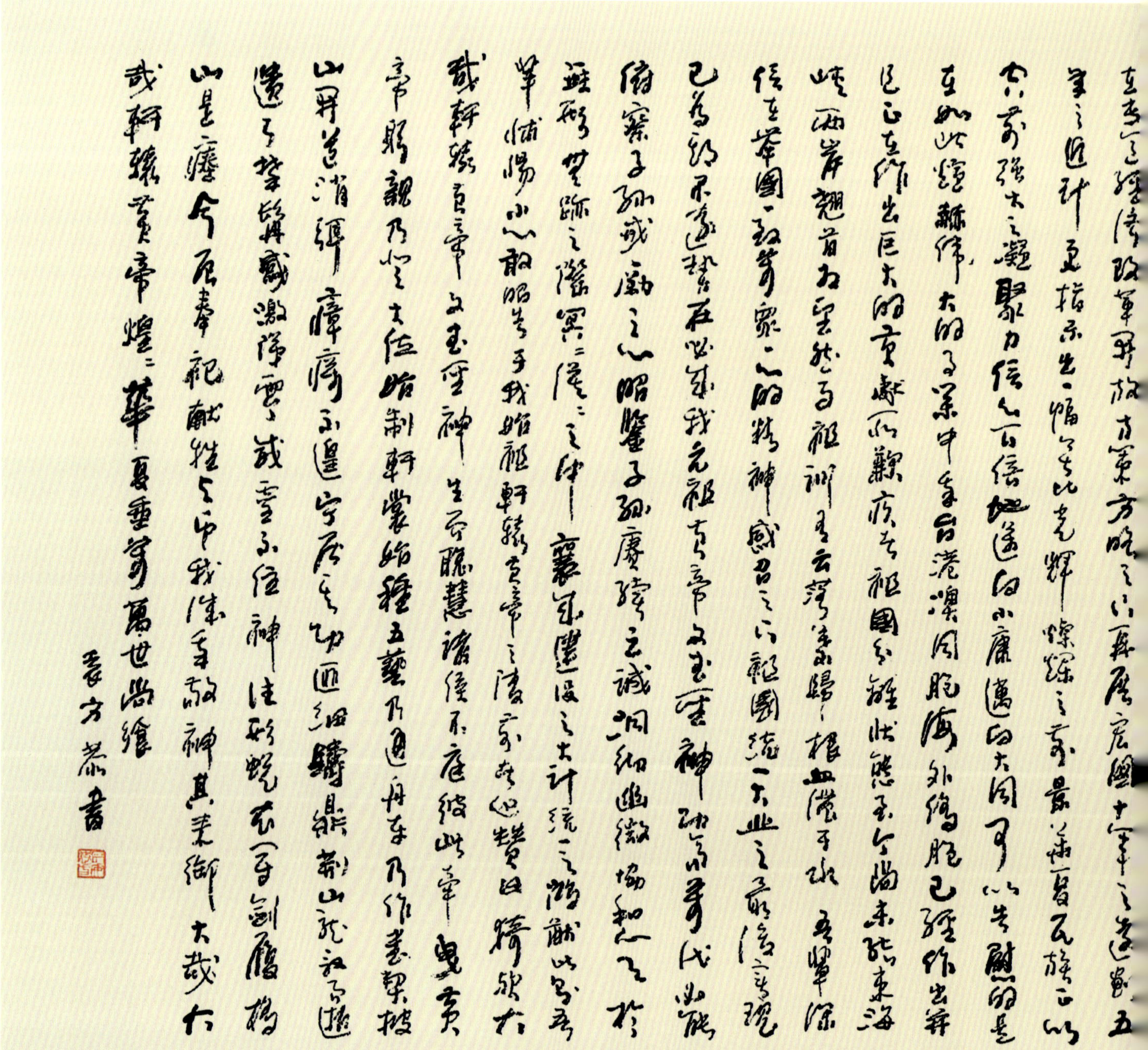

辛未（1991）年清明公祭轩辕黄帝文

维协洽之岁，月在如月，日在乙巳，陕西省人民代表大会常委会、陕西省人民政府、中国人民政治协商会议陕西省委员会、延安行政公署、黄陵县人民代表大会常务委员会、黄陵县人民政府、中国人民政治协商会议黄陵县委员会暨各界代表、台港澳同胞、海外侨胞，谨以苹藻之醴、豆登之奠，恭祭于我人文始祖轩辕黄帝之陵，比合而推，实公历一千九百九十一年之四月五日也。值此清明之节，拜扫之辰，缅怀我元宗，申诚我龙祖，共修唯谨之愿，咸献至诚之心，来近来远，无不敬肃。其文曰：

我中华民族，积五千年文明史，其间建帮立业，有久有暂，国势国威，迭兴迭衰，而能屡蹶屡起者，惟我黄帝子孙团结自强有以致之。粤自伟大民主革命先行者孙中山先生，肇开历史之新篇。逌至中华人民共和国之创立，迄今又四纪有余。当今之中华民族，国力之强大，物产之富庶，文明之昌炽，人民之康宁，实数千年历史所未睹。其间虽小有蹉跌，要亦未为国家民族之大碍。我国家民族正经过颠扑、奋起，而终至于昂首阔步、骎骎而上，跻身于世界强大国家民族之林。今者，在专意经济、改革开放、方策方略之下，再展宏图，十年之远划，五年之近计，更指示出一幅无比光辉灿烂之前景。华夏民族正以空前强大之凝聚力，信心

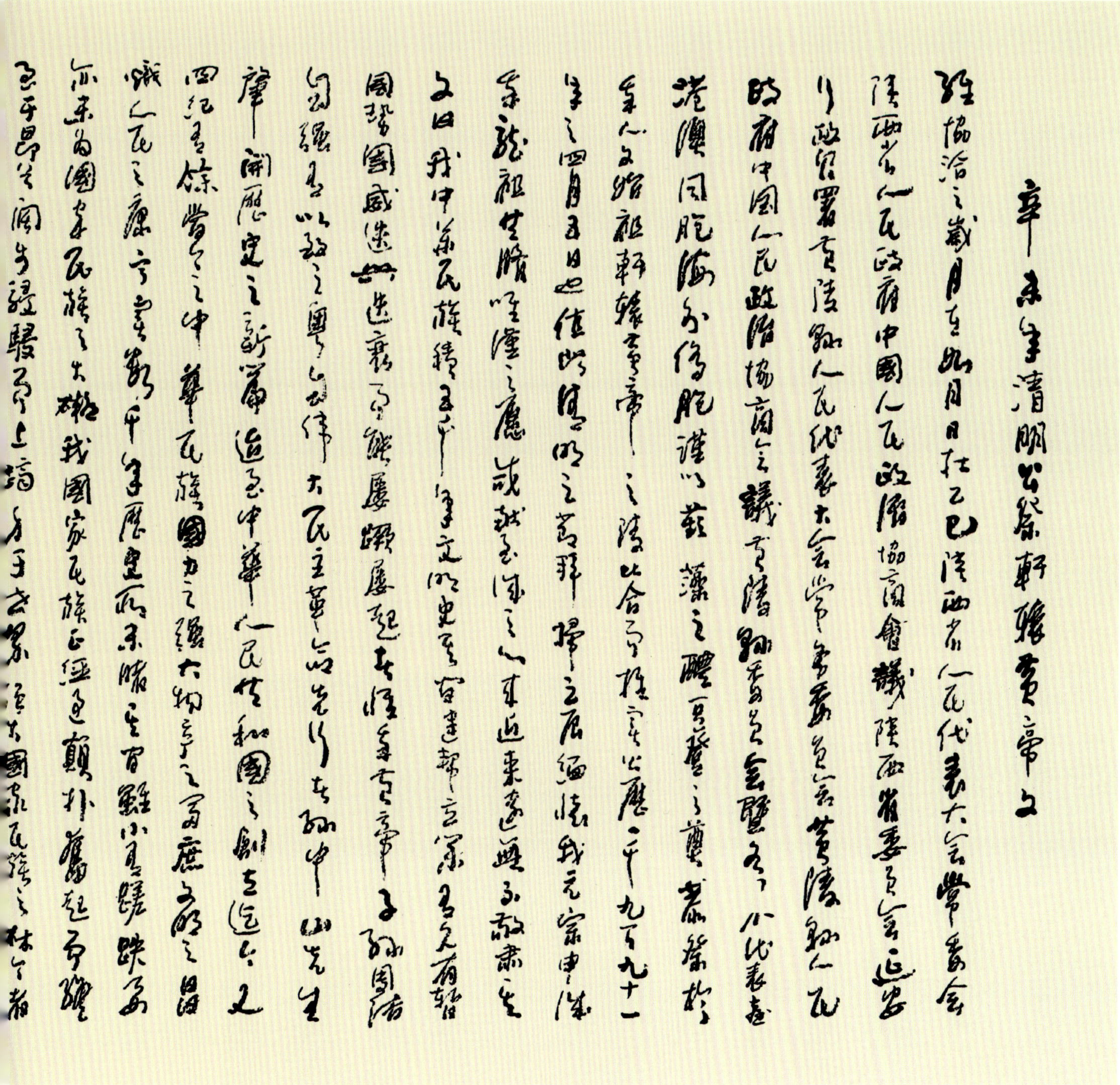

百倍地迈向小康，迈向大同。可以告慰的是：在如此煊赫伟大的事业中，我台港澳同胞、海外侨胞已经作出并且正在作出巨大的贡献。所歉疚者，祖国分离状态，至今尚未结束；海峡两岸，翘首相望。然而祖训有云："落叶归根，血浓于水。"吾辈深信：在举国一致、万众一心的精神感召之下，祖国统一大业之最后实现，已为期不远，势在必成。我元祖黄帝，文武圣神，功高万代，必能俯察子孙戒励之心，昭鉴子孙赓续之诚，洞彻幽微，协和人天，于无形无迹之际，冥冥漠漠之中，襄成建设之大计、统一之鸿猷，此则吾辈怵惕小心，敢昭告于我始祖轩辕黄帝之陵前者也。赞曰：

猗欤大哉！轩辕黄帝。文武圣神，生而聪慧。诸侯不庭，彼此牵曳。黄帝躬亲，乃登大位。始制轩裳，始种五艺。乃通舟车，乃作书契。披山开道，消弭瘴疠。不遑宁居，其功匪细。铸鼎荆山，龙驭而逝。遗弓攀髯，感激涕零。威灵不住，神往形蜕。衣冠剑履，桥山是瘗。今辰奉祀，献牲与币。我诚我敬，神其来御。大哉大哉，轩辕黄帝。煌煌华夏，垂万万世。尚飨！

书家简介：袁　方，陕西历史博物馆壁画研究中心主任，陕西省文史研究馆研究员，中国美术家协会会员。

在本次公祭典礼上，台湾中华黄埔四海同心会代表祭黄帝文：

维岁次辛未年，农历仲春二月廿一日（公元一九九一年四月五日），中华黄埔四海同心会荣誉会长邓文仪、会长刘璠亲率黄埔子弟，谨以鲜花素果之仪，致祭于民族始祖轩辕黄帝之陵前而祷之以文曰：

大武中华，巍巍寿丘；姬水泱泱，天降帝胄。生而圣灵，三皇翘楚；四方安和，仁民爱物。艺以五谷，六畜相辅；以礼教化，诸侯臣服。威震四海，禅封五岳；德昭天下，功垂宇宙。神舟莽莽，华夏悠悠；家国多难，心怀九州。四十寒暑，祭奠愧疚；两岸黄埔，相期互助。率团谒陵，同心相求；河山一统，万世千秋。慎终追远，弘扬我五千年历史文化之源流。祈帝呵护，长佑我亿万载炎黄子孙之裔胄。伏维尚飨！

【重要拜谒】

1991年6月13日，国务委员、国家科委主任宋健（右二）拜谒黄帝陵

黄帝点兵

黄帝造车

黄帝植树

黄帝求贤

陕北艺人贾四贵用剪纸艺术颂扬黄帝功德

壬申 公元一九九二年

【公祭情况】

1992（壬申）年清明公祭典礼，陕西省暨延安地区和黄陵县各界代表以及近百名港澳台同胞和海外侨胞参加。陕西省人大常委会副主任陶钟主祭。中共中央顾问委员会常委、中华炎黄文化研究会执行会长萧克，全国政协副主席王光英，副省长郑斯林，省政协副主席董继昌陪祭。陕西省人大常委会、省人民政府、省政协、延安地区行署、黄陵县人民政府等机关单位以及近百名港澳台同胞和海外侨胞，依次向黄帝敬献花篮和花圈。专程前来的台湾中华伦理教育学会清明黄陵祭祖团成员，身着中国古老礼服，虔诚地向先祖敬献花篮。陶钟恭读祭文。萧克、王光英、郑斯林、董继昌先后讲话。主祭人、陪祭人还参加了同日举行的黄帝陵整修工程奠基仪式。

公祭现场

萧克（前排左三）、王光英（前排左二）在公祭现场

公祭礼毕，陕西省人民政府在桥山举行黄帝陵整修工程奠基仪式，萧克、王光英为奠基石揭幕

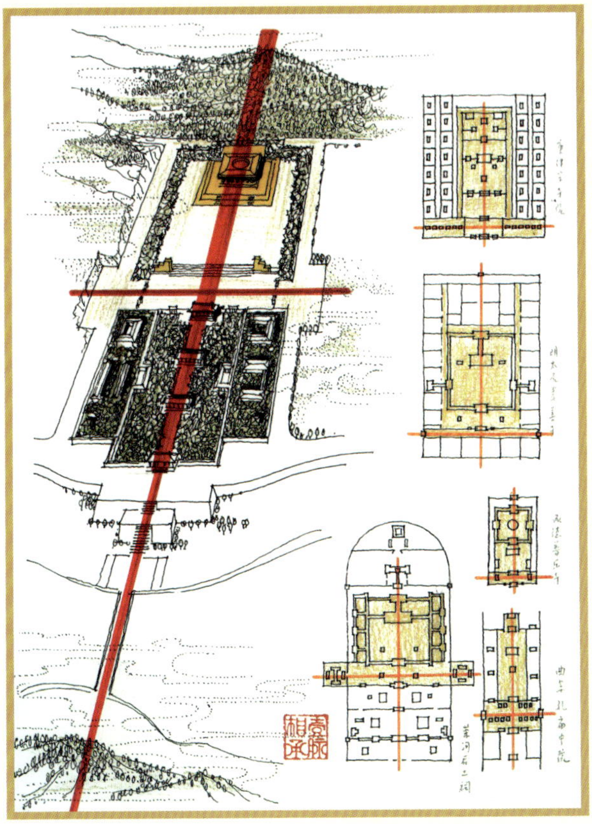

◎黄帝陵整修设计构思

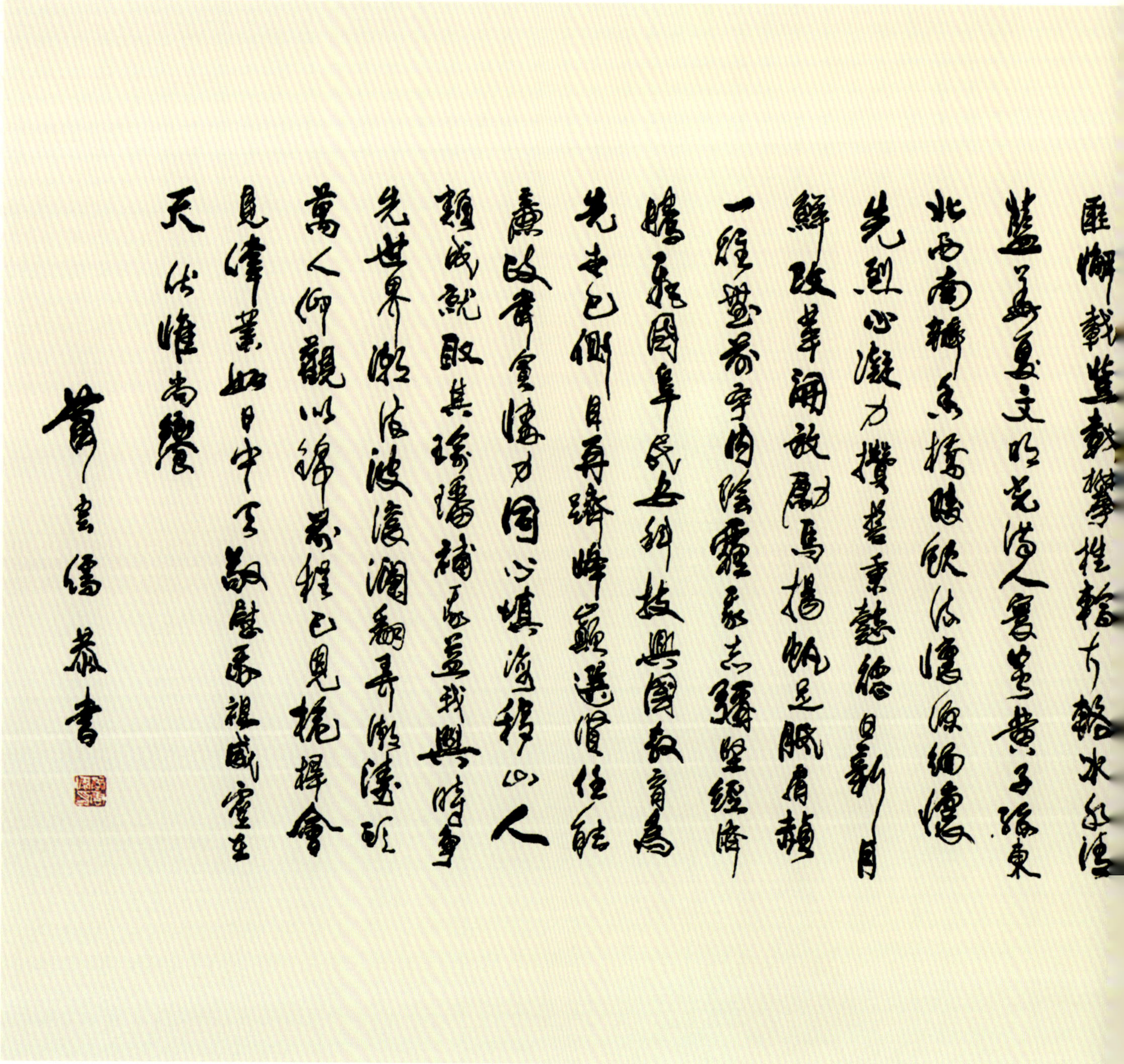

壬申（1992）年清明公祭轩辕黄帝文

维公元一九九二年四月四日，草熏风暖，时届清明。陕西省人民代表大会常务委员会、陕西省人民政府、中国人民政治协商会议陕西省委员会、延安地区行政公署、黄陵县人民代表大会常务委员会、黄陵县人民政府、中国人民政治协商会议陕西省黄陵县委员会暨各界代表、台港澳同胞、海外侨胞，谨以香花清醴、雅乐之仪，敬祭于轩辕黄帝之陵曰：

嗟我元祖，龙跃北边，冀州阪泉，宾服中原。乃畎乃亩，民居以安，化及江汉，泽被千年。瓜瓞绵绵，克承厥先，夙夜匪懈，载登载攀。椎轮大辂，冰水青蓝，华夏文明，光满人寰。炎黄子孙，东北西南，瓣香桥陵，饮流怀源。缅怀先烈，心凝力攒，誓秉懿德，日新月鲜。改革开放，厉马扬帆，足胝肩赪，一往无前。宇内阴霾，我志

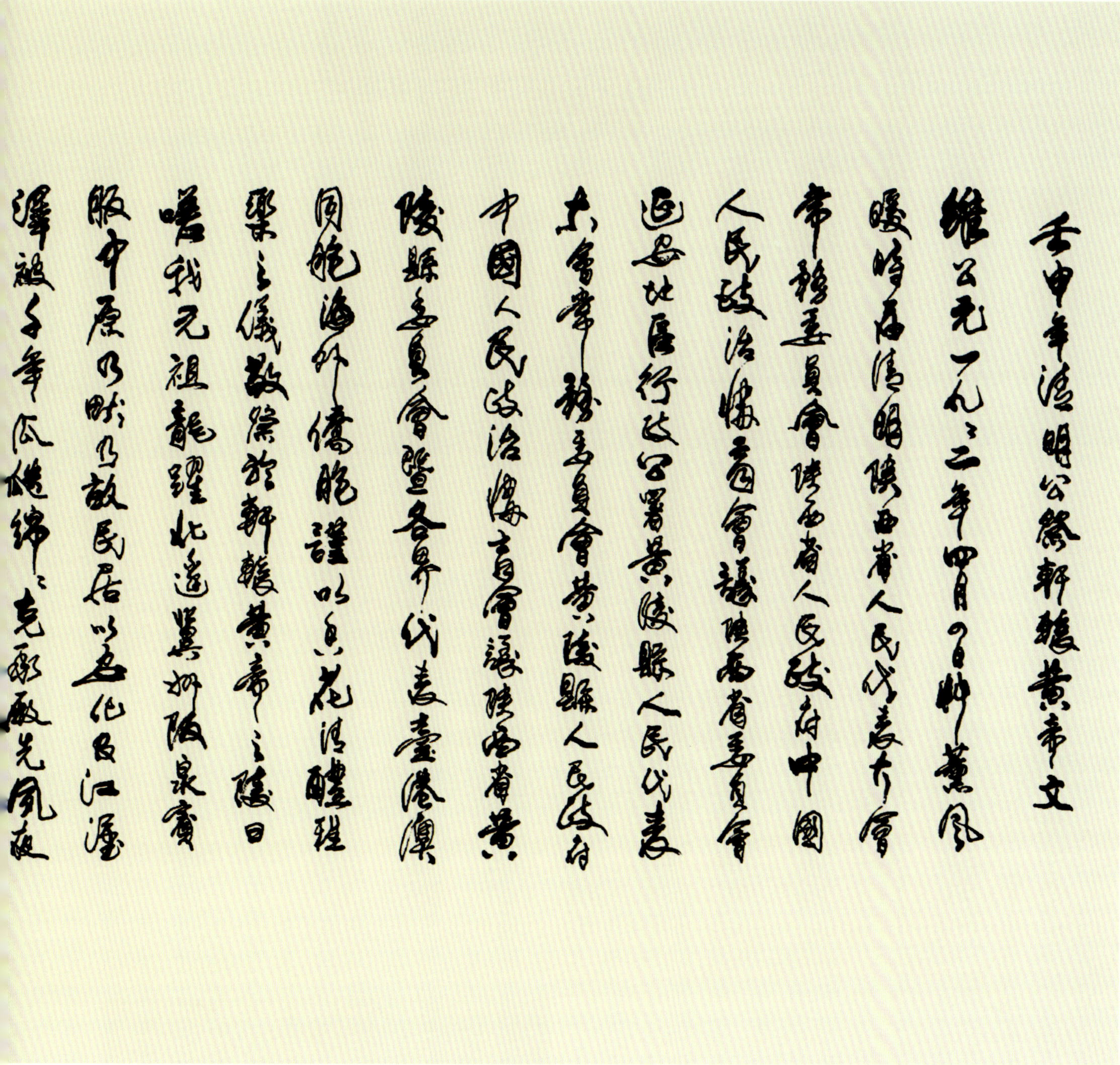

弥坚。经济腾飞，国阜民安。科技兴国，教育为先，世已侧目，再跻峰巅。选贤任能，廉政肃贪，协力同心，填海移山。人类成就，取其瑜璠，补我益我，与时争先。世界潮流，波滚澜翻，弄潮涛头，万人仰观。似锦前程，已见桅杆，会见伟业，如日中天。敬慰我祖，威灵在天。伏惟尚飨！

书家简介：肖云儒，陕西省文联副主席，陕西省文史研究馆馆员，陕西省书法家协会顾问。

◎桥山古柏

在本次公祭典礼上，台湾中华伦理教育学会清明黄陵祭祖团祭黄帝文：

维壬申年四月四日清明节，中华伦理教育学会清明黄陵祭祖团，团长席瑜、副团长巴信诚、陈俊慧、高文天、黄淑满、秘书长赖宗贤等三十四人，谨以香花庶馐之仪，告祭于陕西省黄陵县桥山之巅中华民族始祖黄帝之灵前曰：

轩辕黄帝，少典之子，生于寿丘，长于姬水。
应天载灵，开创世纪，征伐蚩尤，统治天下。
百官以正，庶民以化，强不掩弱，众不暴寡。
乃制衣裳，乃作文字，始造舟车，始开甲子。
大哉黄帝，开物成务，华胄绵绵，永蒙庇佑。
海外子孙，民德归厚，岁移序换，两岸交流。
组团返乡，专程稽首，顶礼膜拜，虔诚祈求。
维我民族，万世千秋，中华文化，天长地久。
尚飨。

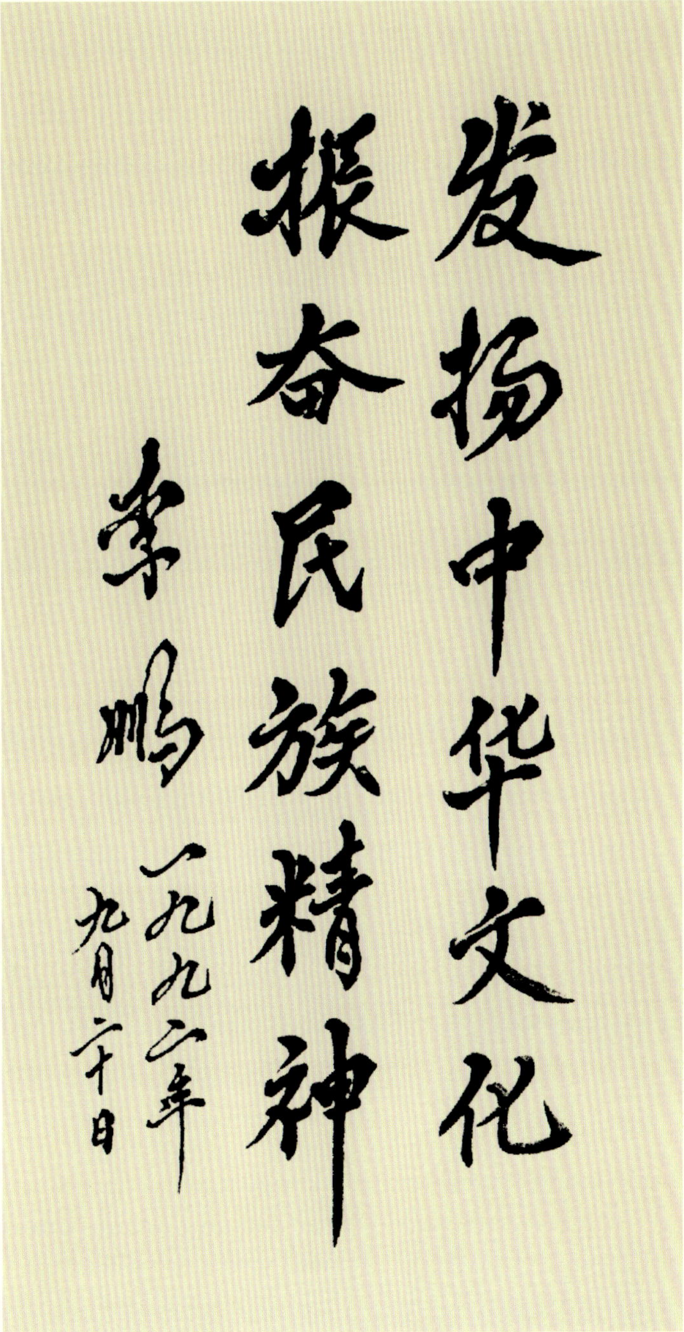

1992年9月20日，中共中央政治局常委、国务院总理李鹏为黄帝陵题词：“发扬中华文化 振奋民族精神”。此题词已勒石立碑，存于轩辕庙古柏院。

【重要拜谒】

1992年5月12日，中共中央政治局委员、国务委员李铁映（前排左四）拜谒黄帝陵

1992年6月12日，全国政协副主席、农工民主党中央主席卢嘉锡（前排左四）拜谒黄帝陵

1992年6月27日，全国政协原副主席吕正操拜谒黄帝陵

1992年8月15日，全国人大常委会副委员长雷洁琼（前排右三）拜谒黄帝陵

1992年8月21日，国务院副总理朱镕基（前排右二）拜谒黄帝陵

公元一九九三年

【公祭情况】

1993（癸酉）年清明公祭典礼，陕西省暨延安地区和黄陵县各界群众以及港澳台同胞、海外侨胞和各省、市、自治区的负责人共8000余人参加。中共陕西省委副书记、省长白清才主祭。中华炎黄文化研究会顾问强晓初，常务副会长杜导正，国家建设部副部长周干峙，陕西省领导人王双锡、吴庆云、魏明中、刘良湛、孙天义、毛生铣陪祭。在全体肃立的静穆中，西安音乐学院演奏古乐《轩辕颂》。陕西省人大常委会、省政协、中华炎黄文化研究会、国家建设部、湖北、辽宁、山东、山西省人民政府负责人和省海外联谊会、港澳台同胞、海外侨胞、新加坡中华总商会、延安地区、黄陵县代表依次向黄帝敬献花篮和祭品。白清才恭读祭文。礼毕，植树纪念。

公祭现场

强晓初（前排左七）、杜导正（前排右六）、周干峙（前排左六）在公祭现场

陕西省省长白清才恭读祭文

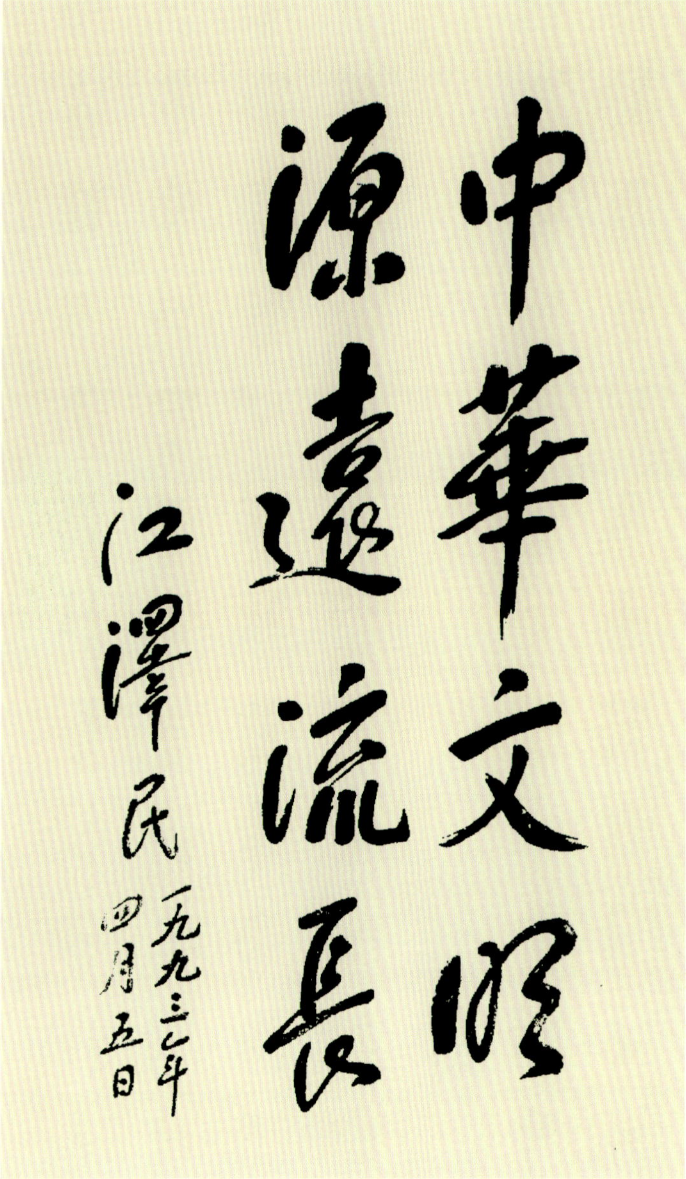

1993年4月5日，中共中央总书记、国家主席江泽民为黄帝陵题词：“中华文明　源远流长”。此题词已勒石立碑，存于轩辕庙古柏院。

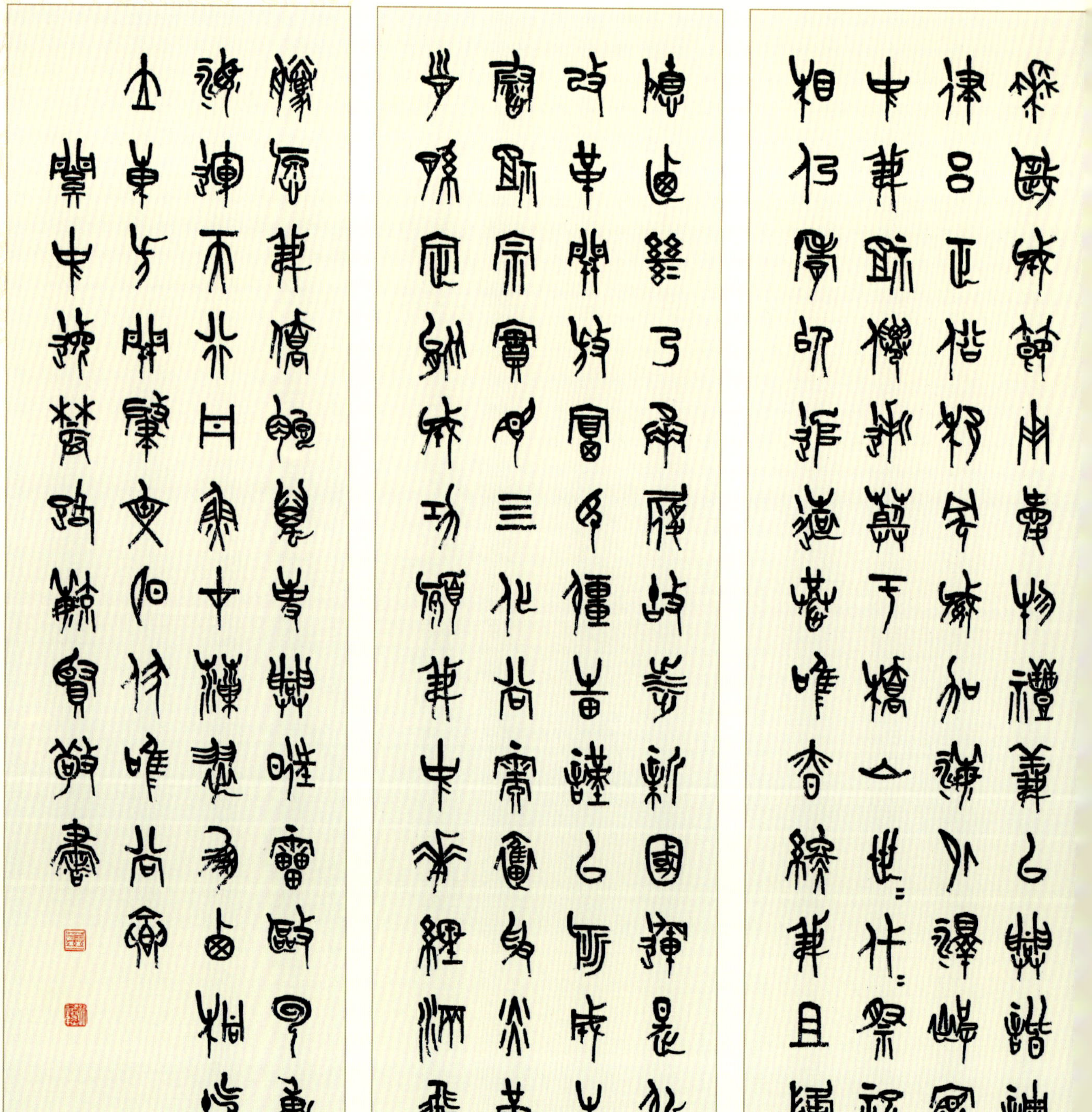

癸酉（1993）年清明公祭轩辕黄帝文

维公元一九九三年四月五日，节届清明，序属暮春。好雨时降，万物发生。桥山凝碧，惠风徐至。咏祖德之骏烈，诵先人之清芬。陕西各界代表，国家有关部门，部分省、市（区）的代表，台湾、香港、澳门同胞，海外侨胞、华裔，谨以清醴鲜花之奠，敬祭我中华民族始祖轩辕黄帝之陵，辞曰：

赫皇我祖，生而神灵；长而敦敏，成而聪明。应天而起，以代羲农；修仁用智，诸侯宾从。戢兵偃武，禾黍岁成；节用爱物，礼义以兴。谐调律吕，正俗移风；威加海外，泽被寰中。我祖仙逝，葬于桥山；世世代代，祭祀相仍。孝以追远，恭惟慎终；我祖隆德，乃继乃承。履故涉新，国运是弘；改革开放，富民强邦；谨以所成，告慰祖宗。实现四化，尚需奋争；炎黄子孙，定能成功；愿我中华，经济飞腾；愿我侨胞，万事兴旺；雷驱云动，海运天行。丹鱼在藻，翠凤栖

桐；屹立东方，开肇文明。伏惟尚飨！

书家简介：路毓贤，中央文史研究馆书画院研究员，陕西省文史研究馆馆员，陕西省书法家协会副主席。

在本次公祭典礼上，美籍华人张良洲博士撰写并恭读祭黄帝文：

黄帝纪元四千六百九十年止；岁次癸酉（一九九三年四月五日），节届清明，谨恭祭黄帝之灵，并遥祭炎帝之神于陕西桥山黄帝陵前曰：

大哉炎黄，千古开荒。耒耨教耕，地利以张。
遍尝百草，医药有方。观法天地，历数乃详。
象形创字，书成意彰。桑蚕取纱，民衣丝裳。
车行指南，舟帆三江。哲学连山，易理归藏。
传之尧舜，禅让贤良。迨至大禹，九河通畅。
大也！华夏民族，智慧光芒。
望桥山，怀故国，神驰古疆。
美哉炎黄，文采流长。仁本义行，周续成汤。
儒尊孔孟，道源老庄。诸子思想，百家文章。
造纸印刷，寰宇同享。农工技艺，举世无双。
臣谋将永，社稷承康。民勤物丰，山河飘香。
绵延丝路，万国通商。文景贞观，大国泱泱。
美也！炎黄子孙，龙凤轩昂。
登桥山，盼盛世，梦回汉唐。
壮哉炎黄，威德苍苍。西润欧陆，东化桃郎。
相国青天，直道金刚。干城武穆，正气天祥。
成吉思汗，虎跃龙骧。旌旗开展，欧亚双飏。
永乐大典，瀚海浩荡。郑和西巡，百舰齐航。
延平驱荷，蓬莱重匡。康熙定北，威慑沙皇。
壮也！中华上邦，何等风光。
上桥山，寻炎黄，气秉高阳。
痛哉炎黄，英灵何乡。百年中土，几多灾殃。
烟毒寇患，国破家亡。割土赔款，民穷地疮。
火德不王，受戮东桑。土德失瑞，蒙辱西洋。
比干挖心，惟留肚肠。灵均怀沙，徒奉酒浆。
子孙不肖，怪怨爷娘。萁豆相煎，祸起萧墙。
痛也！炎黄有知，岂安九泉？
哭黄陵，伤国耻，泪洒桥山。
幸哉炎黄，神兮重旸。今日神州，不再彷徨。
审时度势，燕新图强。法治民本，则正纪纲。
言路广开，民气畅扬。国风雅颂，文盛武昌。
厚植青苗，培育栋梁。选贤与能，富国安邦。
敬业乐群，诚信礼常。两仪相成，九州同芳。
盼也！苍龙喜水，冲天腾翔。
祭黄陵，祷国运，情行肝膛。

◎桥山古柏

◎立于桥山古柏群中的“桥陵圣境”碑

1994年以来，每年都有党和国家领导人专程来黄帝陵参加清明公祭黄帝典礼。同时，中央和国家机关，各省、市、自治区领导人，海内外知名人士也都踊跃参加了清明公祭黄帝活动。

公元一九九四年

【公祭情况】

1994（甲戌）年清明公祭典礼，陕西省暨延安地区和黄陵县各界群众以及港澳台同胞、海外侨胞代表10000余人参加。中共中央政治局常委、全国政协主席李瑞环，中共陕西省委书记、省人大常委会主任张勃兴，陕西省省长白清才，省政协主席周雅光，中央和国家机关代表王照华、庄炎林、万绍芬、周干峙、李赣骝，山西、江苏、新疆等省、市、自治区领导人出席典礼。全国政协、中共中央统战部、全国侨联、国务院侨办和港澳办、中华炎黄文化研究会、天津市人民政府、上海市政协、陕西省人大常委会、省人民政府、省政协等24个机关单位和社会团体以及港澳台同胞、海外侨胞代表向黄帝敬献花篮。张勃兴恭读祭文。台湾同胞代表、台湾中华建筑学人交流协会理事长林长勋和台湾中原大学校长张光正恭读追思纪念文。全体公祭人员向黄帝敬行三鞠躬礼，并由鼓乐队奏乐前导，绕陵一周，谒陵敬祖。

公祭现场

李瑞环（前排中）在公祭现场

中共陕西省委书记、省人大常委会主任张勃兴恭读祭文

1994年，台湾中华书学会理事长刘炳南为黄帝陵书“龙蟠虎踞黄帝陵”

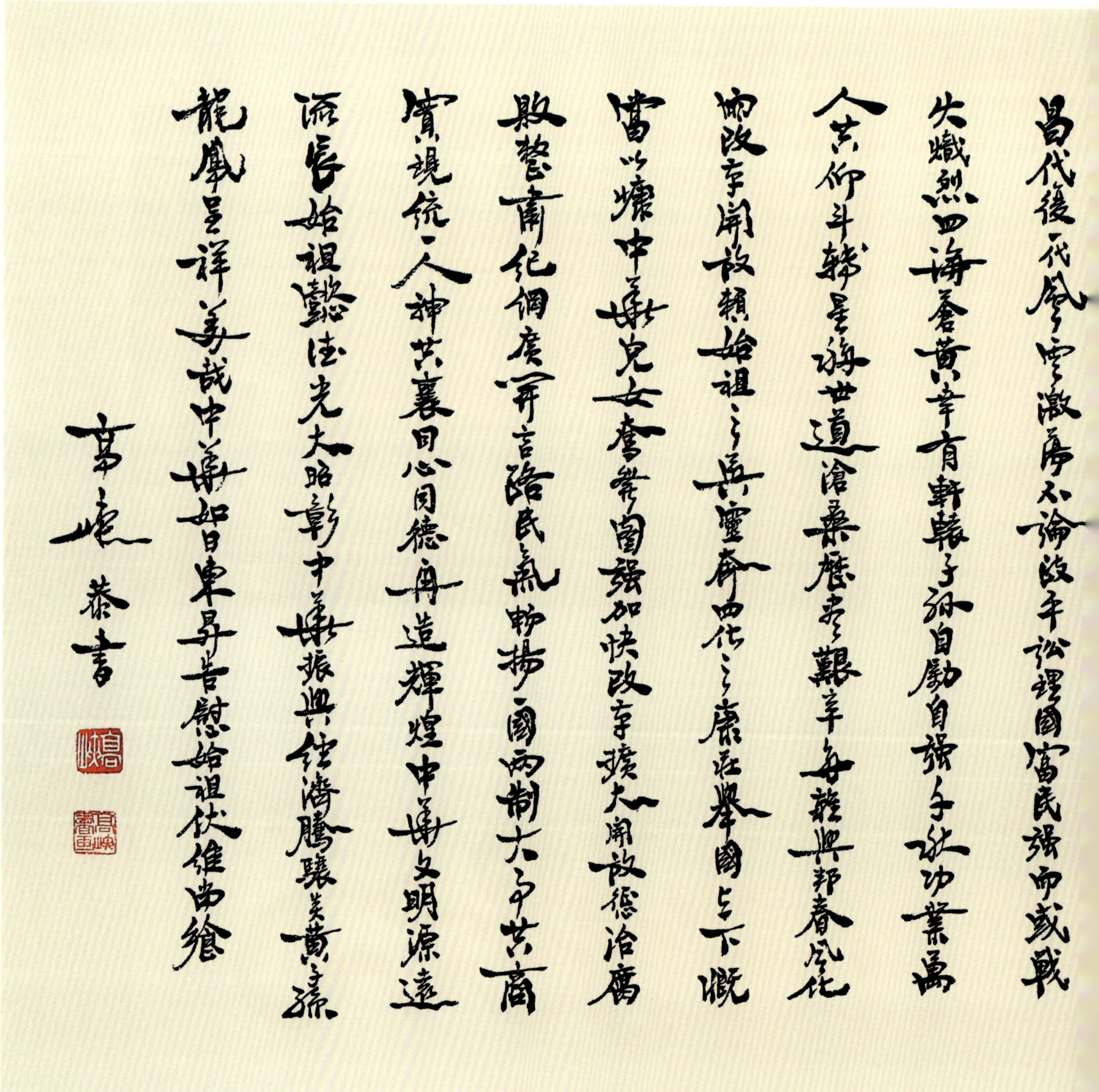

甲戌（1994）年清明公祭轩辕黄帝文

维甲戌年二月二十五日，序属三春，节届清明，九州日丽，万物峥嵘。中国人民政治协商会议全国委员会主席李瑞环，中央有关部门代表，陕西各界代表，部分省、市、自治区代表，台、港、澳同胞代表，海外侨胞代表，聚首桥山，以至诚肃敬之心，鲜花苹藻之供，缅怀始祖，致祭于轩辕黄帝之陵，曰：

赫威始祖，圣德神功，创我中华民族之根基，启五千年文明之曙光。煌煌伟业，泽被遐荒。亘千秋而愈盛，历万世而弥昌。代复一代，风云激荡。不论政平讼理，国富民强；而或战火炽烈，四海苍黄；幸有轩辕子孙，自励自强。千秋功业，万人共仰。斗转星移，世道沧桑。历尽艰辛，多难兴邦。春风化雨，改革开放，赖始祖之英灵，奔四化之康庄。举国上下，慨当以慷。中华儿女，奋发图强。加快改革，扩大开放；惩治腐败，整肃纪纲；广开言路，民气畅扬。一国两

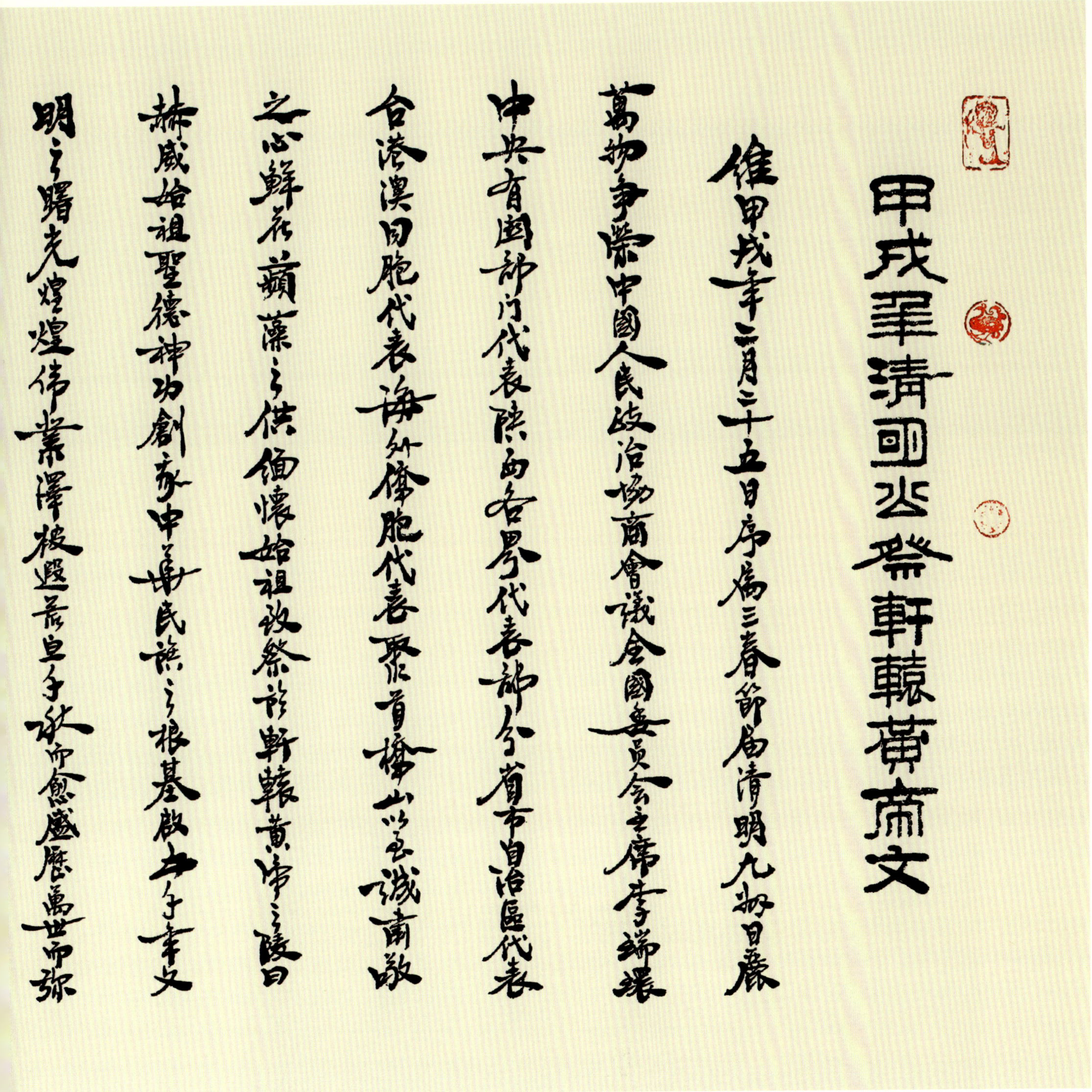
甲戌年清明公祭軒轅黃帝文

維甲戌年二月二十五日序屬三春節届清明九州日麗萬物爭榮中國人民政治協商會議全國委員會主席李瑞環中央有關部門代表陝西各界代表部分省市自治區代表台港澳同胞代表海外僑胞代表聚首橋山以至誠肅敬之心鮮花蘋藻之供緬懷始祖致祭於軒轅黃帝之陵曰赫赫始祖聖德神功創我中華民族之根基啟五千年文明之曙光煌煌偉業澤被遐荒垂千秋而愈盛歷萬世而彌

制，大事共商；实现统一，人神共襄，同心同德，再造辉煌。中华文明，源远流长。始祖懿德，光大昭彰。中华振兴，经济腾骧，炎黄子孙，龙凤呈祥。美哉中华，如日东升。告慰始祖，伏维尚飨。

书家简介：高　峡，西安碑林博物馆馆长，陕西省书法家协会副主席。西北大学、西安美术学院等院校兼职教授。

本次公祭典礼上，台湾中华建筑学人交流协会理事长林长勋恭读的追思纪念文：

一九九四年四月五日，中华全球建筑学人交流协会理事长林长勋率理监事暨会员人敬奉香花素果祭于黄帝之灵，并祝以文曰：

巍巍帝德，万祀垂则，创制敷泽，仁民昌国。

初弥暴乱，康济域中，揆天调历，以利百工。

兴筑宫室，肇造文字，究明内经，始作方剂。

行有舟车，市有货币，教民蚕丝，温加举世。

传承教化，光大中华，四千余年，濡染荒遐。

东被沧海，西越流沙，弘我国族，天下一家。

比及近代，各族融合，生命一体，共御外侮。

一扫强邻，日月同光，东风野柳，清明节临。

台湾子民，慎终追远，建筑学人，瞻仰黄陵。

缅怀先圣，志气恢弘，努力不懈，同荣中华。

尚飨。

1994年清明节，李瑞环（前排左六）在陕西省黄陵县轩辕宾馆与海峡两岸建筑学人学术研讨会代表合影

本次公祭典礼上，台湾中原大学祭祖团追思纪念文：

我们代表中原大学一万三千师生，在这春暖花开的四月，我们跨海而来，来到这陕西桥山，来思忆我们中华民族共同的远祖公孙轩辕，并致上我们无限的敬意和不尽的缅怀。

我们向公孙轩辕氏的精神致敬，并不仅因为他的战功，也不因为他当时的版图辽阔；东达渤海，西至崆峒，南到长江，北逐荤粥。我们来思忆黄帝，是因为他种植百谷，建立宫室，以利民生。是因为他创文字、重蚕桑、发明指南车，启迪了知识和文明。更因为他协调诸邦，以德服人，用和平的方法归化了不同的民族，并且建立了勤政爱民的典范。

和致敬同样重要的是，我们把自己带到这地方来了。在仰慕古圣先贤的同时，我们也企图让桥山来看看这批远赴海外的桥山子孙是如何俊秀，如何成功，如何不负我们高贵的血统，无论是三百年前或四十五年前离开这片土地的子孙，如今都头角峥嵘的回家来，回家来证明我们没有辜负祖先的期望，回家来印证祖先优秀的传承。

古代的翠柏不凋，今朝的白云悠悠。中国即我，我即中国。谨献上我们的鲜花和我们的歌声。愿民族的命脉永存勿绝，愿炎黄子孙繁衍昌荣，与各民各族共谋世界之大同。

◎桥山龙角柏

【重要拜谒】

1994年4月，全国政协副主席孙孚凌（左四）拜谒黄帝陵

1994年8月11日，全国政协副主席叶选平（前排左二）拜谒黄帝陵

公元一九九五年

【公祭情况】

1995（乙亥）年清明公祭典礼，陕西省暨延安地区和黄陵县各界群众以及港澳台同胞、海外侨胞代表共20000余人参加。全国人大常委会副委员长吴阶平，全国政协副主席洪学智，中央和国家机关代表，12个省、市、自治区人民政府代表，陕西省领导人安启元、张勃兴、程安东、周雅光、支益民、任国义、孙天义、纪鸿尚等出席典礼。陕西省副省长姜信真主持公祭典礼。全国人大常委会、全国政协、中央和国家机关、12个省、市、自治区人民政府、港澳台同胞、海外侨胞的代表和延安地区、黄陵县等24个机关单位和社会团体分别向黄帝敬献花篮，黄陵县群众代表敬献鸟兽面花、时果等祭品。张勃兴恭读祭文。全体公祭人员向黄帝敬行三鞠躬礼，由古乐队奏乐前导，绕陵一周，并在桥山植树纪念。

公祭现场

公祭仪仗礼仪

各界代表为黄帝陵整修工程捐款

公祭礼毕，全国人大常委会副委员长吴阶平在黄帝陵书“团结奋进、再展辉煌”

桥山古柏

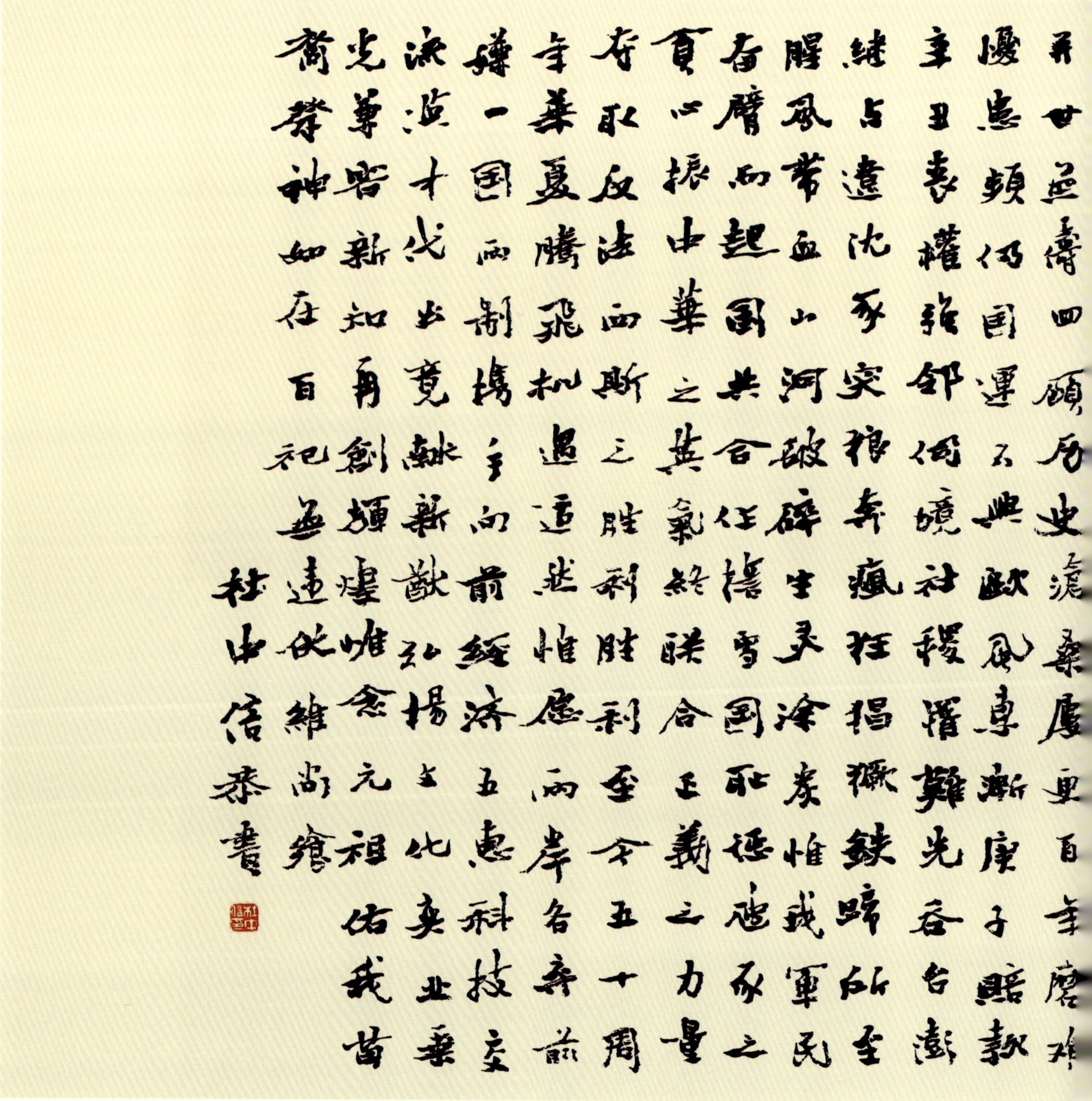

乙亥（1995）年清明公祭轩辕黄帝文

维公元一九九五年，岁在乙亥，时届清明，惠风甘雨，万物滋荣。全国人大常委会吴阶平副委员长，全国政协洪学智副主席，中央有关部门代表，部分省、市、区代表，台、港、澳同胞，海外侨胞代表，陕西省各界代表，谨以时羞鲜花，清醴雅乐，敬祭于我中华元祖轩辕黄帝之陵，其文曰：

赫矣我祖，开辟鸿蒙，功在宇宙，通继羲农。神矣我祖，躬治草莱。艺植百谷，生民是赖。圣矣我祖，修德振武。天下大治，万国宗主。睿矣我祖，奠基中央。表里山河，临制四方。世代延续，源远流长。自强自立，乃祭乃昌。迄今五千余载，亘世界之东方。复有子孙亿万，遍及五洲。克勤克俭，贞志不休。声明文物，并世无俦。回顾历史，沧桑屡更。百年磨难，忧患频仍。国运不兴，欧风东渐。庚子赔款，辛丑丧权。强邻伺境，社稷罹难。先吞台澎，继占辽沈。豕突

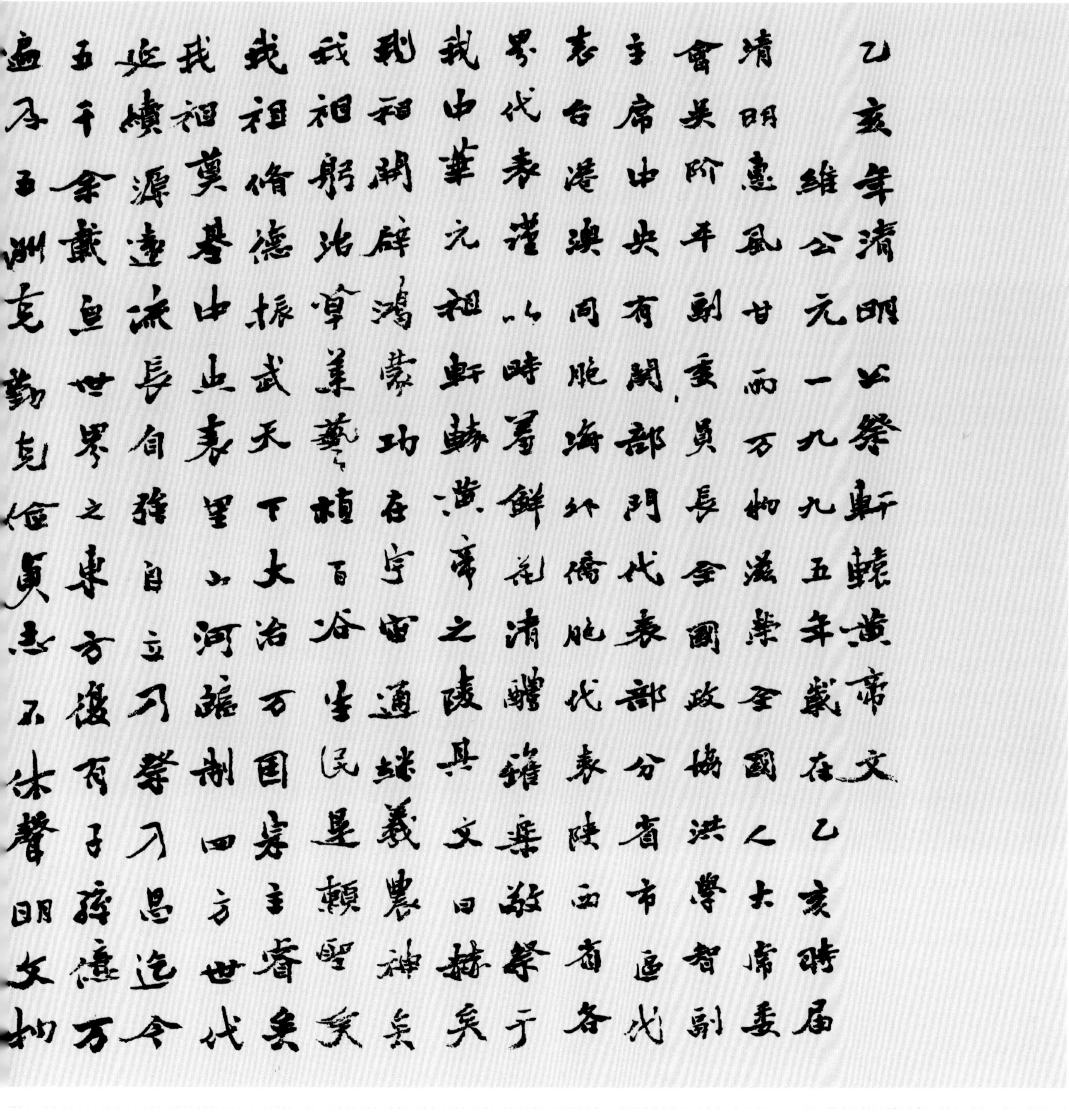

狼奔，疯狂猖獗，铁蹄所至，腥风带血。山河破碎，生灵涂炭。惟我军民，奋臂而起，国共合作，誓雪国耻，惩虺豕之贪心，振中华之英气。终联合正义之力量，夺取反法西斯之胜利。胜利至今，五十周年，华夏腾飞，机遇适然。惟愿两岸，各弃前嫌。一国两制，携手向前。经济互惠，科技交流。英才代出，竞献新猷。弘扬文化，奕业垂光。兼容新知，再创辉煌。惟念元祖，佑我苗裔。祭神如在，百祀无违。伏维尚飨。

书家简介：杜中信，陕西省书法家协会顾问，长安大学中国书画研究院院长、教授，西安市书法家协会主席。

【重要拜谒】

1995年5月19日，中共中央政治局常委、全国人大常委会委员长乔石（中）拜谒黄帝陵

◎黄帝陵园古柏

1996年3月，中共中央办公厅、国务院办公厅《关于公祭黄帝陵有关问题的复函》，要求中共陕西省委、省人民政府将清明公祭轩辕黄帝活动组织好，使公祭黄帝活动产生更加积极的影响。

公元一九九六年

【公祭情况】

1996（丙子）年清明公祭典礼，陕西省暨延安地区和黄陵县各界群众以及港澳台同胞、海外侨胞代表10000余人参加。中共中央政治局委员、国务委员李铁映，全国政协副主席万国权，中央和国家机关，各省、市、自治区领导人，陕西省领导人安启元、张勃兴、程安东、周雅光、刘荣惠、牟玲生、赵连臣等出席典礼。李铁映、万国权分别代表国务院、全国政协向黄帝敬献花篮。中央和国家机关，其他省、市、自治区，陕西省人大常委会、省人民政府、省政协，港澳台同胞、海外侨胞代表以及延安地区、黄陵县等21个机关单位和社会团体分别向黄帝敬献花篮。黄陵县群众代表敬献鸟兽面花、时果等祭品。陕西省省长程安东恭读祭文。李铁映、万国权、安启元、张勃兴、程安东、周雅光、刘荣惠、牟玲生、赵连臣等在桥山植树纪念。有13个单位和个人为整修黄帝陵捐资人民币354万元。

公祭现场

全体代表行鞠躬礼

各界代表敬献花篮

中共中央政治局委员、国务委员李铁映讲话

黄陵县群众制作的面花祭品

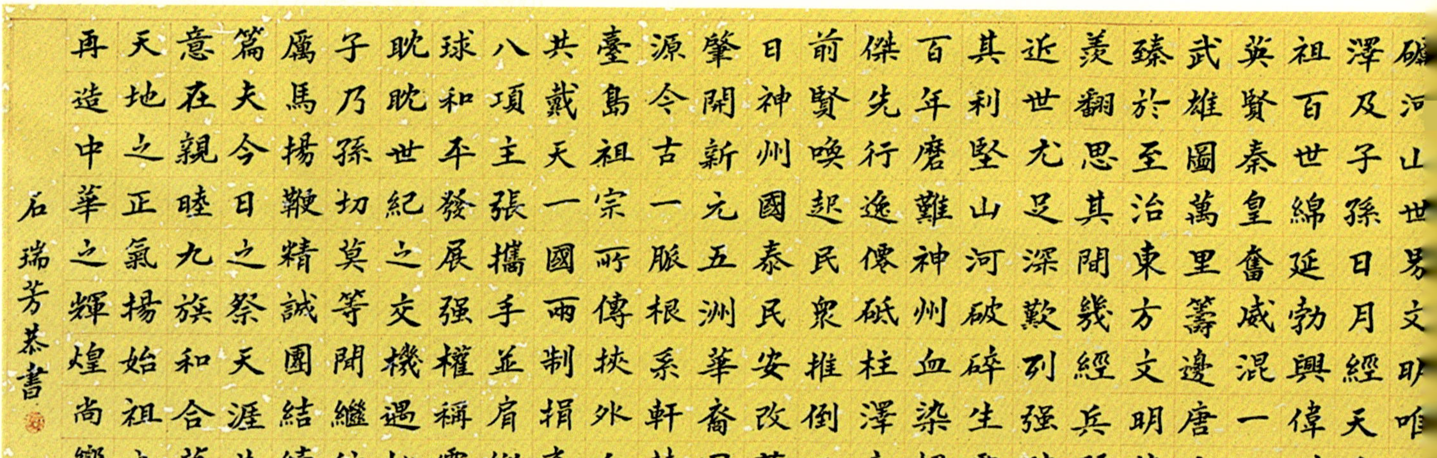

丙子（1996）年清明公祭轩辕黄帝文

维公元一九九六年四月四日，岁在丙子，节序清明。桥山凝翠，万物发生。中华人民共和国国务委员李铁映，中国人民政治协商会议全国委员会副主席万国权，中央有关部门代表，陕西省各界代表，部分省、市、自治区代表，台、港、澳同胞代表，海外侨胞代表，心怀至诚，聚首桥山，谨以鲜花雅乐素果敬祭于始祖轩辕黄帝之陵曰：

夫天下之大，华夏之广，皆立于人。天下之人皆有本源，世人未可不思其本而忘其祖也。我中华民族，天宝物华，地灵人杰，根深叶茂，源远流长。或招之聚于华夏，或去之散于五洲，天水一方，其源盖皆出于始祖轩辕也。

恭思我祖，肇创维艰，艺种抚民，诸侯咸来。修德振兵，三战阪泉，平逆诛乱，通道披山。淳化万物，举贤以治，劳神苦思，未尝宁安。百流同汇，万国以和，中华一统，带砺河山。世界文明，唯有我先，泽及子孙，日月经天。承继我祖，百世绵延，勃兴伟烈，代有英贤。秦皇奋威，混一四海，汉武雄图，万里筹

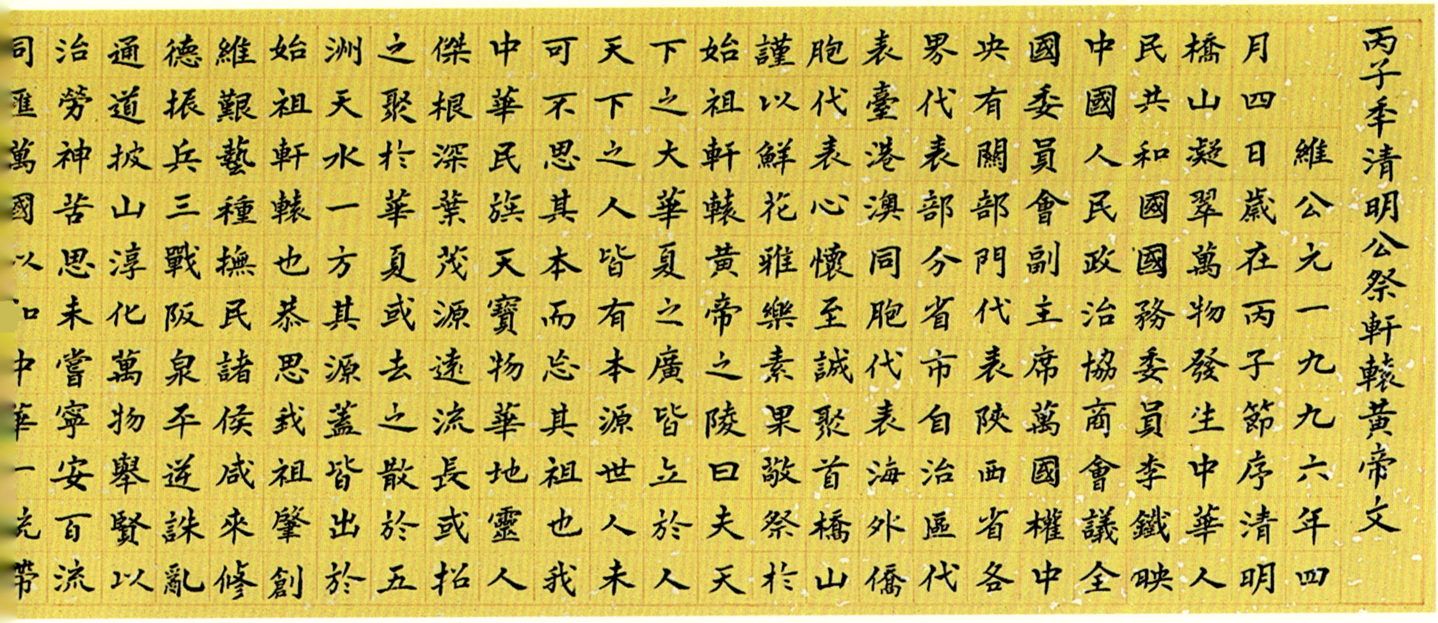

边。唐宗宋祖，臻于至治；东方文明，万邦艳羡。翻思其间，几经兵燹；降及近世，尤足深叹：列强肆虐，仗其利坚，山河破碎，生灵涂炭。百年磨难，神州血染，赖有英杰，先行逸仙。砥柱泽东，独迈前贤，唤起民众，推倒三山。今日神州，国泰民安，改革开放，肇开新元。五洲华裔，同宗同源，今古一脉，根系轩辕。惟念台岛，祖宗所传，挟外分裂，不共戴天！一国两制，捐弃前嫌，八项主张，携手并肩。纵观全球，和平发展，强权称霸，虎视眈眈。世纪之交，机遇挑战，乃子乃孙，切莫等闲。继往开来，厉马扬鞭，精诚团结，续写新篇。夫今日之祭，天涯共此时，意在亲睦九族，和合万邦，育天地之正气，扬始祖之神威，再造中华之辉煌。尚飨。

书家简介：石瑞芳，陕西省政协委员，中国书法家协会会员，陕西省书法家协会秘书长。

【重要拜谒】

1996年7月3日，中央军事委员会副主席张万年上将（前排右四）拜谒黄帝陵

1996年9月10日，中共中央政治局候补委员、国务委员、中国人民银行行长陈慕华（中）拜谒黄帝陵

丁丑 公元一九九七年

【公祭情况】

1997（丁丑）年清明公祭典礼，陕西省暨延安地区和黄陵县各界群众以及港澳台同胞、海外侨胞代表共50000余人参加。国务委员宋健，全国政协副主席王兆国，国家计委副主任甘子玉，中华炎黄研究会顾问乔晓光，全国人大华侨事务委员会副主任委员万绍芬，全国人大民族事务委员会副主任委员伍精华，全国政协副秘书长周干峙，新华社香港分社副社长秦文俊，中共甘肃省委书记阎海旺，中共青海省委书记田成平，甘肃省省长孙英，中共新疆维吾尔自治区委副书记张文岳，全国政协常委、香港大律师胡鸿烈，全国政协委员、香港中华厂商联合会会长梁钦荣，国务院特区办公室副主任赵光华，国家文物局局长张文彬，中共天津市委副书记李建国，中共陕西省委、省人民政府、省政协的负责人和江苏、陕西省各界代表出席典礼。陕西省副省长姜信真主持公祭典礼。宋健代表国务院，王兆国代表全国政协，张文彬代表中央和国家机关，孙英代表西北五省区党政联席会，赵光华代表中国东西部合作与投资贸易洽谈会，陕西省人大常委会、省人民政府、省政协，以及港澳台同胞、海外侨胞代表等分别向黄帝敬献花篮。黄陵县各界群众代表敬献祭品。陕西省省长程安东恭读祭文。在祭祀乐队引导下，参祭人员绕陵一周。宋健、王兆国等在桥山植树纪念。有20个单位和个人为整修黄帝陵捐款500余万元人民币和5万余元港币。

公祭现场

公祭现场

全体代表行鞠躬礼

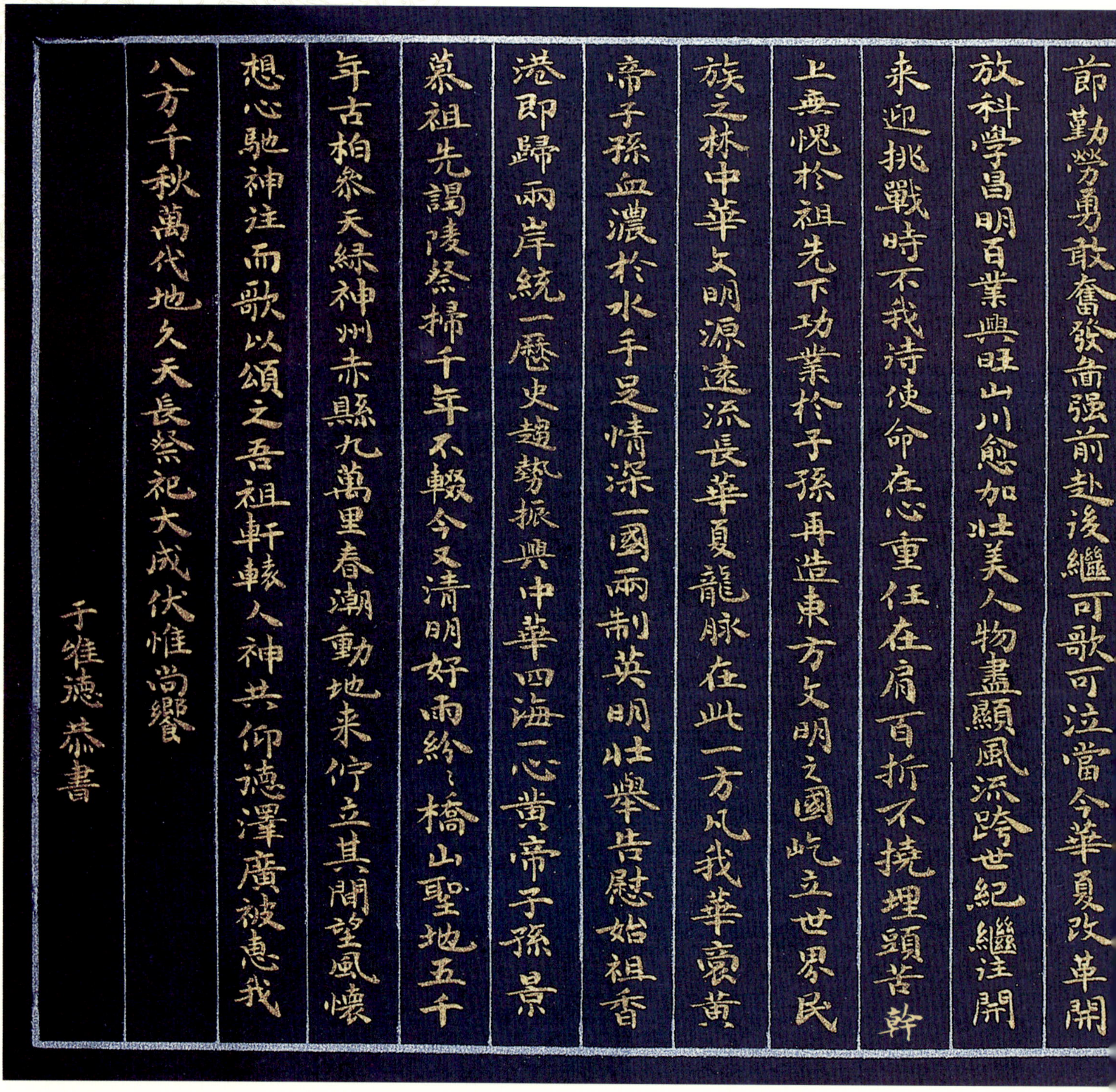
節勤勞勇敢奮發圖強前赴後繼可歌可泣當今華夏改革開
放科學昌明百業興旺山川愈加壯美人物盡顯風流跨世紀繼往開
来迎挑戰時不我待使命在心重任在肩百折不撓埋頭苦幹
上無愧於祖先下功業於子孫再造東方文明之國屹立世界民
族之林中華文明源遠流長華夏龍脉在此一方凡我華裔黄
帝子孫血濃於水手足情深一國兩制英明壯舉告慰始祖香
港即歸兩岸統一歷史趨勢振興中華四海一心黄帝子孫景
慕祖先謁陵祭掃千年不輟今又清明好雨紛紛橋山聖地五千
年古柏參天綠神州赤縣九萬里春潮動地来佇立其間望風懷
想心馳神往而歌以頌之吾祖軒轅人神共仰德澤廣被惠我
八方千秋萬代地久天長祭祀大成伏惟尚饗
于維德 恭書

丁丑（1997）年清明公祭轩辕黄帝文

伏惟一千九百九十七年，丁丑清明时节，中华人民共和国国务委员宋健，中国人民政治协商会议全国委员会副主席王兆国，中央有关部门代表，部分省、市、自治区代表，台港澳同胞、海外侨胞、华裔代表，与陕西各界代表，发诚敬之心，依恋之情，敬备鲜花雅乐，恭祭我中华民族始祖轩辕黄帝之陵。辞曰：

轩辕黄帝，睿智神明。救民水火，振德修兵。河清海晏，山河垂统。养蚕桑、造舟车，协音律、制衣裳。推演历法，以利农时。始制文字，风行教化。举贤荐能，激励民众。通达变革，整纪肃纲。上溯千年，草昧洪荒。赖有我祖，文明肇创，礼仪之邦，赫赫扬扬。如江河行地，与日月同光。斗转星移，岁月沧桑。黄帝子孙，弥繁弥昌。秉承先祖之遗风，弘扬华夏之美德。遵伦理，重名节，勤劳勇敢，奋发图强，前赴后继，可歌可泣。当今华夏，改革开放。科学昌明，百业兴旺。山川愈加壮美，人物尽显风流。跨世纪，继往开来。迎挑战，时不我待。使命在心，重任在肩。百折不挠，埋头苦干。上无愧于祖先，下功业于子孙。

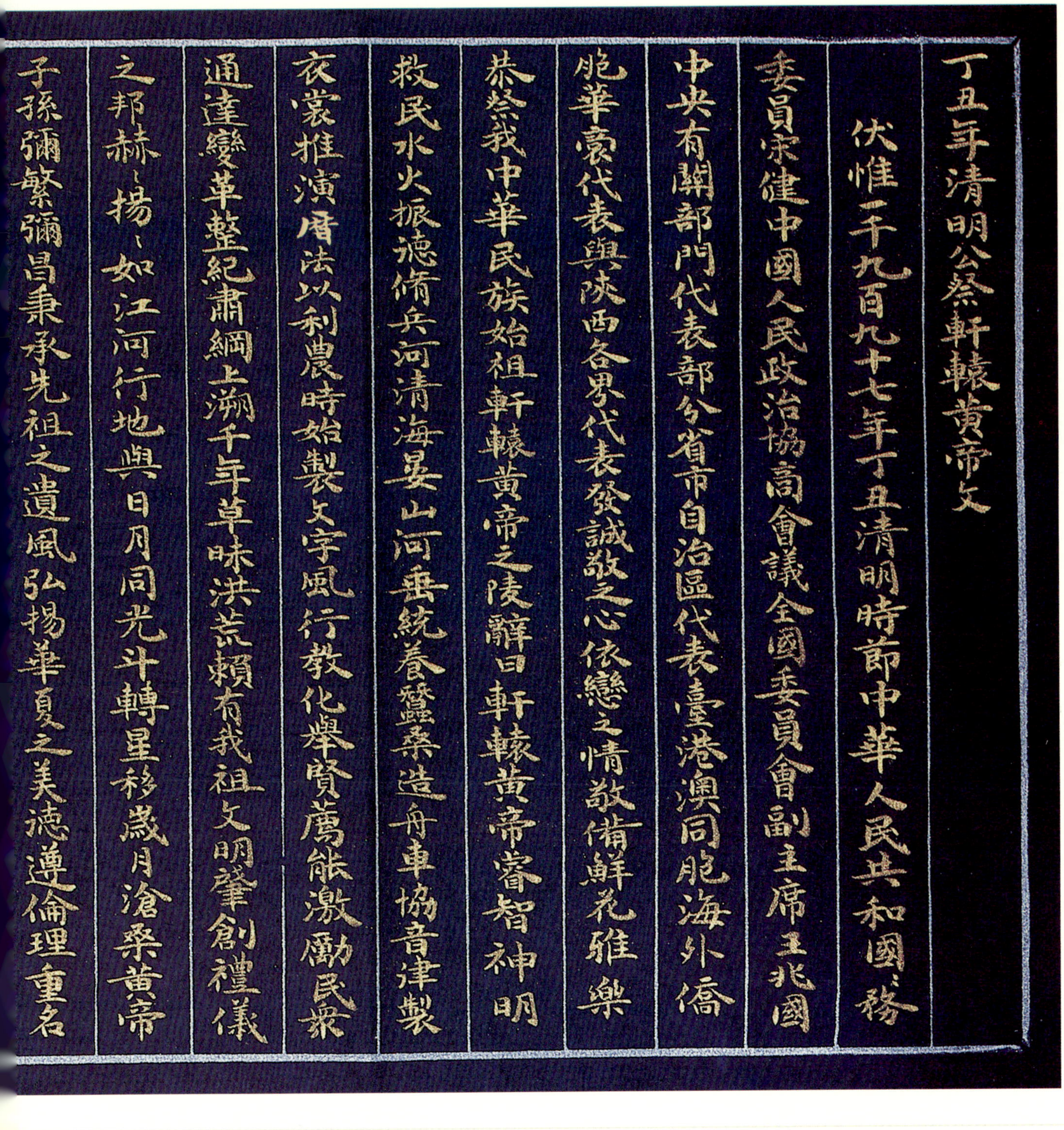
丁丑年清明公祭軒轅黃帝文
伏惟一千九百九十七年丁丑清明時節中華人民共和國務
委員宋健中國人民政治協商會議全國委員會副主席王兆國
中央有關部門代表部分省市自治區代表臺港澳同胞海外僑
胞華裔代表與陝西各界代表發誠敬之心依戀之情敬備鮮花雅樂
恭祭我中華民族始祖軒轅黃帝之陵辭曰軒轅黃帝睿智神明
救民水火振德脩兵河清海晏山河垂統養蠶桑造舟車協音律製
衣裳推演曆法以利農時始製文字風行教化舉賢薦能激勵民衆
通達變革整紀肅綱上溯千年草昧洪荒賴有我祖文明肇創禮儀
之邦赫赫揚揚如江河行地與日月同光斗轉星移歲月滄桑黃帝
子孫彌繁彌昌秉承先祖之遺風弘揚華夏之美德遵倫理重名

再造东方文明之国，屹立世界民族之林。中华文明，源远流长。华夏龙脉，在此一方。凡我华裔，黄帝子孙。血浓于水，手足情深。一国两制，英明壮举。告慰始祖，香港即归。两岸统一，历史趋势。振兴中华，四海一心。黄帝子孙，景慕祖先，谒陵祭扫，千年不辍。今又清明，好雨纷纷。桥山圣地，五千年古柏参天绿，神州赤县，九万里春潮动地来。伫立其间，望风怀想，心驰神往，而歌以颂之：

吾祖轩辕，人神共仰。德泽广被，惠我八方。

千秋万代，地久天长。祭祀大成，伏惟尚飨。

书家简介：于唯德，西安工业大学艺术与传媒学院院长，书法专业教授，硕士研究生导师；中国书法家协会教育委员会委员，陕西省书法家协会秘书长。

【重要拜谒】

1997年4月24日，中共中央政治局常委、中央军委副主席刘华清上将（前排右三）拜谒黄帝陵

1997年6月18日，中共中央政治局委员、国务院副总理姜春云（左）拜谒黄帝陵

戊寅 公元一九九八年

【公祭情况】

1998（戊寅）年清明公祭典礼，陕西省暨延安市和黄陵县各界群众以及港澳台同胞、海外侨胞代表共50000余人参加。全国人大常委会副委员长蒋正华，全国政协副主席、中共中央统战部部长王兆国，中共中央统战部副部长张廷翰，新华社香港分社社长姜恩柱，国务院港澳事务办公室副主任刘名启，新华社澳门分社副社长宗光耀，全国政协常委、中华海外联谊会副会长庄世平，中央和国家机关以及各省、市、自治区负责人，陕西省领导人李建国、程安东、安启元、贾治邦、蔡竹林、艾丕善、崔林涛、张保庆、徐山林、陈跃、杜东海等出席典礼。蒋正华、王兆国分别代表全国人大常委会、全国政协，庄世平代表中华海外联谊会，李东海代表香港各界，上海市、安徽省负责人代表各省、市、自治区向黄帝敬献花篮。陕西省人大常委会、省人民政府、省政协敬献花篮。黄陵县群众代表向黄帝敬献时果点心等祭品。陕西省省长程安东恭读祭文。

本次公祭典礼上，香港同胞为1997年7月1日香港回归祖国告慰始祖，委托香港各界代表在轩辕庙院内敬立由香港特别行政区首任行政长官董建华题写碑文的“香港回归纪念碑”。

公祭现场

蒋正华（前排右三）、王兆国（前排左三）在公祭现场

陕西省省长程安东恭读祭文

公祭礼毕，香港同胞代表在轩辕庙院内举行“香港回归纪念碑”揭幕仪式，王兆国、庄世平为纪念碑揭幕

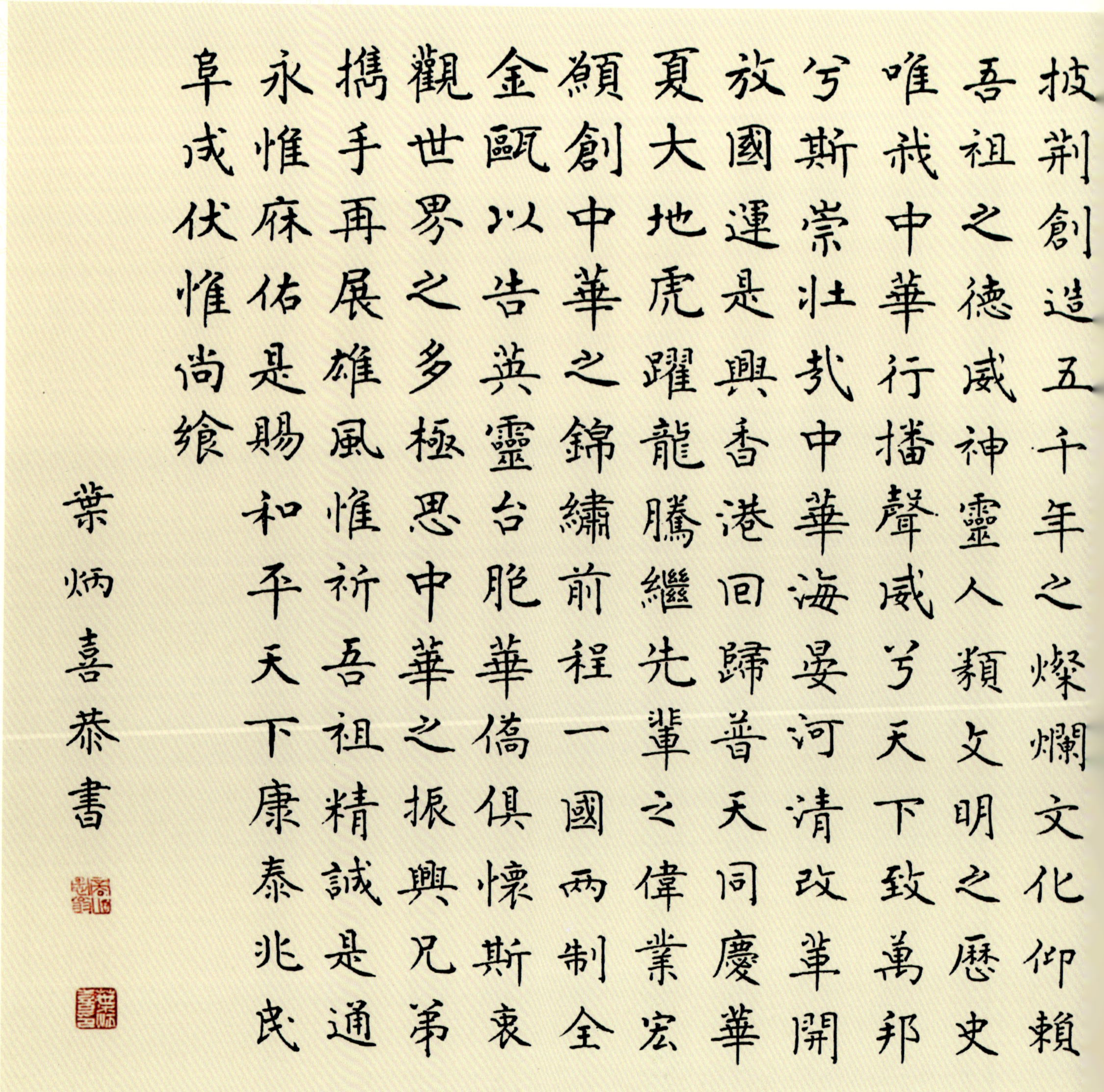

戊寅（1998）年清明公祭轩辕黄帝文

巍巍桥陵，霞蔚云凝。苍松翠柏，万古常春。陵貌一新，子孙孝敬。维吾始祖，昭明方融。惟文之德，惟武之方。缅怀吾祖，睿智天纵。生当炎帝之季，适逢天下纷争。乃运神道以载德，扬威武而乘风，驰飞盖於河曲。指涿鹿而扫奸雄；挥宝剑以临九州；回雕戈而定八纮。于是四海咸服，华戎一统。艺谷树禾，物阜民丰，广被教化，书轨混同，泱泱华夏，文明肇兴。伟哉中华，福祚昌隆。粤自始祖轩辕，万姓同宗，历周秦汉唐，迄宋元明清，炎黄子孙，斩棘披荆。创造五千年之灿烂文化，仰赖吾祖之德威神灵。人类文明之历史，唯我中华行。播声威兮天下；致万邦兮斯崇。壮哉中华，海晏河清，改革开放，国运是兴，香港回

戊寅年清明公祭軒轅黃帝文

巍巍橋陵霞蔚雲凝蒼松翠柏萬古常春陵貌一新子孫孝敬維吾始祖昭明方融惟文之德惟武之方緬懷吾祖睿智天縱生當炎帝之季適逢天下紛爭迺運神道以載德揚威武而秉風馳飛蓋於河曲指涿鹿而掃姦雄揮寶劍以臨九州回雕戈而定八紘於是四海咸服華夷一統藝穀樹禾物阜民豐廣被教化書軌混同泱泱華夏文明肇興偉哉中華福祚昌隆粵自始祖軒轅萬姓同宗歷周秦漢唐迄宋元明清炎黃子孫斬棘

归，普天同庆，华夏大地，虎跃龙腾。继先辈之伟业宏愿，创中华之锦绣前程。一国两制，全金瓯以告英灵，台胞华侨，俱怀斯衷。观世界之多极，思中华之振兴，兄弟携手，再展雄风，惟祈吾祖：精诚是通，永惟庥佑，是赐和平，天下康泰，兆民阜成，伏惟尚飨。

书家简介：叶炳喜，中国书法家协会“德艺双馨”会员。陕西省书法家协会顾问，陕西省文史研究馆馆员。

◎轩辕庙古柏院碑亭

己卯

公元一九九九年

【公祭情况】

1999（己卯）年清明公祭典礼，陕西省暨延安市和黄陵县各界群众以及港澳台同胞、海外侨胞代表共10000余人参加。全国政协副主席张思卿，中央和国家机关及各省、市、自治区负责人，陕西省领导人李建国、程安东、安启元、徐山林，整修黄帝陵捐资单位代表出席典礼。陕西省常务副省长贾治邦主持公祭典礼。张思卿代表全国政协，国家经贸委副主任陈邦柱代表中央和国家机关，'99中国东西部合作与投资贸易洽谈会组委会副主任、安徽省副省长卢家丰，河南省人大常委会副主任钟力生代表'99中国东西部合作与投资贸易洽谈会，港澳台同胞、海外侨胞代表分别向黄帝敬献花篮。省人大常委会、省人民政府、省政协、黄帝陵基金会、省海外联谊会、延安市、黄陵县代表等分别敬献花篮。黄陵县各界群众代表向黄帝敬献水果、面点等祭品。陕西省省长程安东恭读祭文。全体参祭人员向黄帝像敬行三鞠躬礼，并瞻仰轩辕庙。

公祭现场

少儿腰鼓迎宾方阵

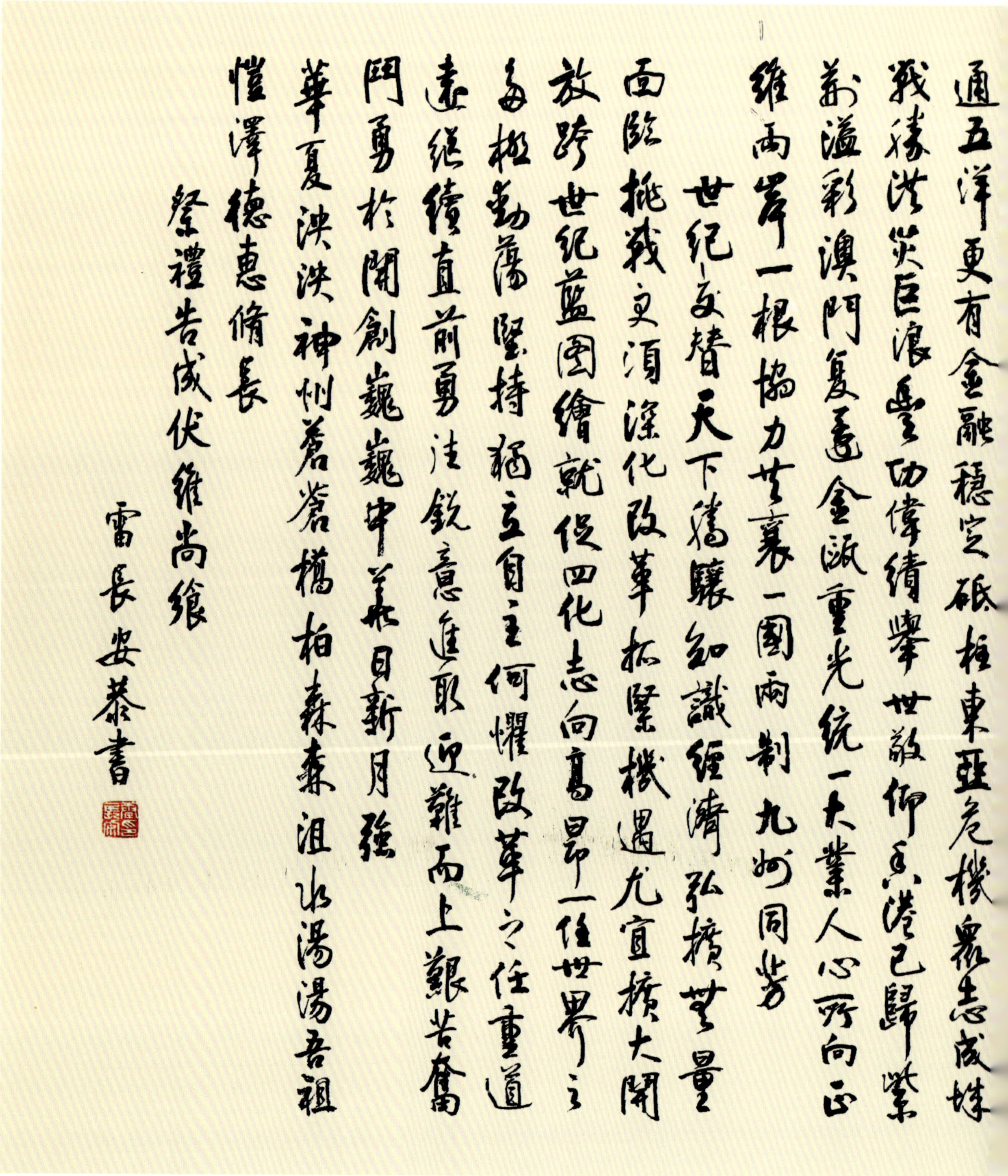

己卯（1999）年清明公祭轩辕黄帝文

维公元一九九九年四月五日，岁在己卯，节届清明，神州日暖，桥山春浓。谨以芳花清醴，雅乐正声，恭祀于我人文始祖轩辕黄帝，且告曰：

始祖赫赫，勋业煌煌。仁刑武烈，抚度四方。制创文谟，百物明彰。道洽九垓，泽被八荒。天下咸宁，华夏兴邦。呜呼！五千年历史，永志吾祖之圣德，十二亿神州，长荐子孙之心香。

吾祖峻德，万古垂光；神州华胄，载沐祯祥。经难历劫，弥盛愈强。今朝奋起，再创辉煌！五十华诞，文明故土万千气象；二十春秋，改革大业亿兆隆昌。四项原则，立国维纲。多党合作，政治协商。科教兴国，依法治邦。反腐倡廉，正气畅扬，政通人和，国运日昌。且看巍巍中华，雄踞东方。商贸四海，货通五洋。更有金融稳定，砥柱东亚危机；众志成城，战胜洪灾巨浪。丰功伟绩，举世敬仰。香港已归，紫荆溢彩；澳门复还，金瓯重光。统一大业，人心所向。正维

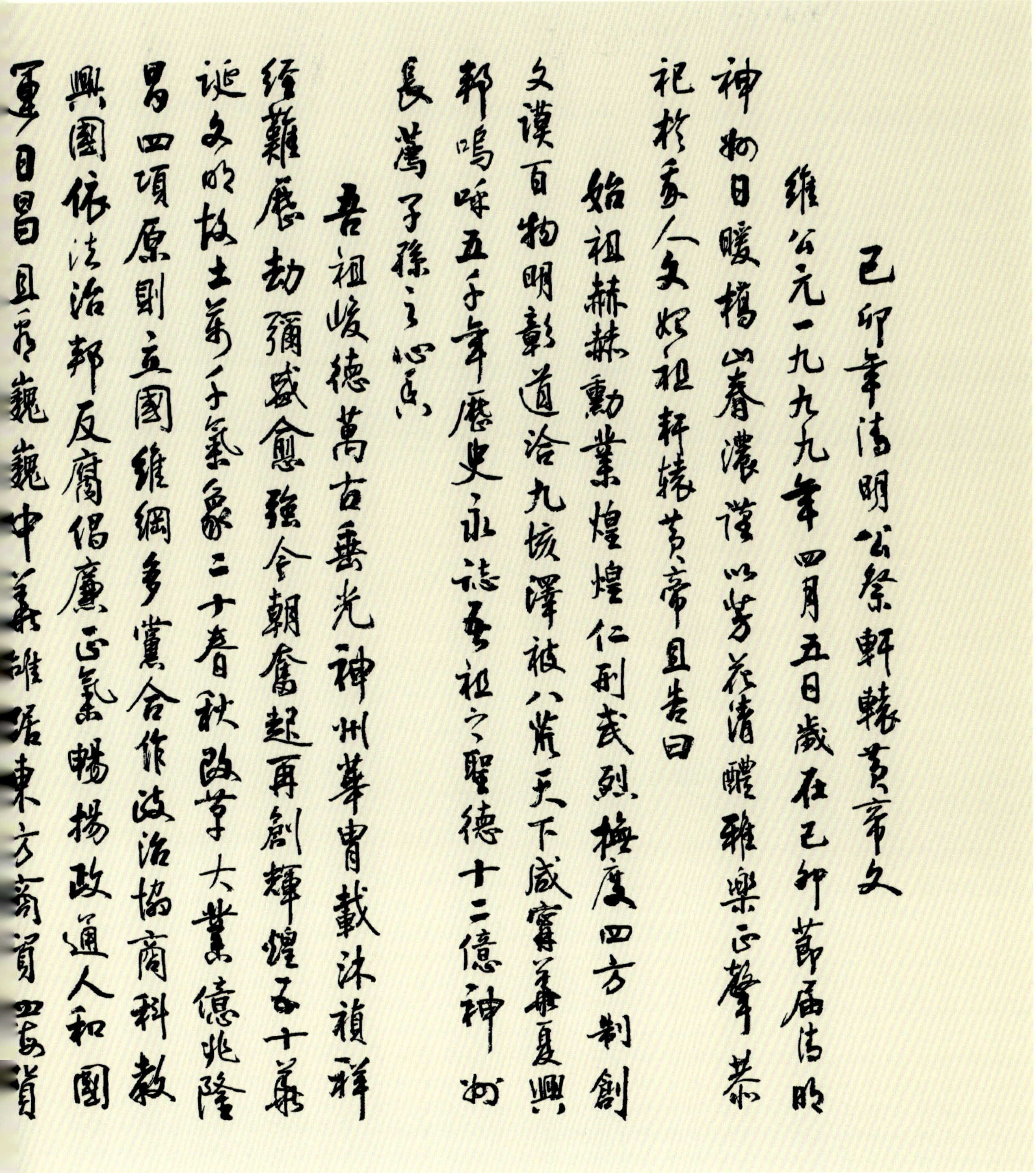
己卯年清明公祭軒轅黃帝文
維公元一九九九年四月五日歲在己卯節届清明
神州日暖楊柳春濃謹以芳花清醴雅樂正聲恭
祀於我人文始祖軒轅黃帝且告曰
始祖赫赫勳業煌煌仁列武烈極度四方制創
文模百物明彰道洽九垓澤被八荒天下咸寧華夏興
邦嗚呼五千年歷史永誌吾祖之聖德十二億神州
長薦子孫之心香
吾祖峻德萬古垂光神州華胄載沐禎祥
經難歷劫彌盛愈強今朝奮起再創輝煌五十華
誕多少故土萬千氣象二十春秋改革大業億兆隆
昌四項原則立國維綱多黨合作政治協商科教
興國依法治邦反腐倡廉正氣暢揚政通人和國
運日昌且看巍巍中華雄踞東方

两岸一根，协力共襄。一国两制，九州同芳。

世纪交替，天下腾骧。知识经济，弘扩无量。面临挑战，更须深化改革；抓紧机遇，尤宜扩大开放。跨世纪蓝图绘就，促四化志向高昂。一任世界之多极动荡，坚持独立自主；何惧改革之任重道远，继续直前勇往。锐意进取，迎难而上；艰苦奋斗，勇于开创。巍巍中华，日新月强！

华夏泱泱，神州苍苍。桥柏森森，沮水汤汤。吾祖恺泽，德惠修长。

祭礼告成，伏维尚飨。

书家简介：雷长安，陕西省书法家协会会员，中国书画研究院院士、陕西省文史研究馆研究员、西安音乐学院副教授。

少儿腰鼓迎宾方阵

【重要拜谒】

1999年6月18日，中共中央总书记、国家主席、中央军委主席江泽民（前排右二）、国务院副总理温家宝（前排左一）拜谒黄帝陵。在桥山之巅，江泽民说："黄河流域是中华民族生存和发展的一个伟大摇篮，我们的先人在这里创造了灿烂的华夏文明，每一个中华儿女都感到骄傲和自豪。"

1999年11月8日，全国人大常委会副委员长、民革中央主席何鲁丽（前排左四）率84名九届全国人大代表拜谒黄帝陵

◎轩辕庙古碑

庚辰 公元二〇〇〇年

【公祭情况】

2000（庚辰）年清明公祭典礼，陕西省暨延安市和黄陵县各界群众以及港澳台同胞、海外侨胞代表共10000余人参加。全国政协副主席、中共中央统战部部长王兆国，全国政协副主席陈锦华，全国政协副主席、澳门中华总商会会长马万祺，全国政协常委、澳门吴福集团董事长吴福，广东省省长卢瑞华，国家外经贸部副部长张祥，陕西省领导人李建国、程安东、安启元、艾丕善、徐山林，孙天义出席典礼。陕西省常务副省长贾治邦主持公祭典礼。各方代表分别向黄帝敬献花篮。澳门各界代表向黄帝敬献“功盖华夏，恩泽濠江”的匾额。黄陵县群众代表敬献水果和独具地方特色的面点等祭品。陕西省省长程安东恭读祭文。全体参祭人员向黄帝像敬行三鞠躬礼，并拜谒黄帝陵。

本次公祭典礼上，澳门同胞为澳门于1999年12月20日回归祖国告慰始祖，委托澳门各界代表在轩辕庙院内敬立由澳门特别行政区首任行政长官何厚铧题写碑文的“澳门回归纪念碑”。

公祭现场

公祭礼毕，澳门同胞代表在轩辕庙院内举行“澳门回归纪念碑”揭幕仪式，马万祺在揭幕仪式上讲话

矗立于轩辕庙古柏院的“香港回归纪念碑”、“澳门回归纪念碑”

◎普天同庆

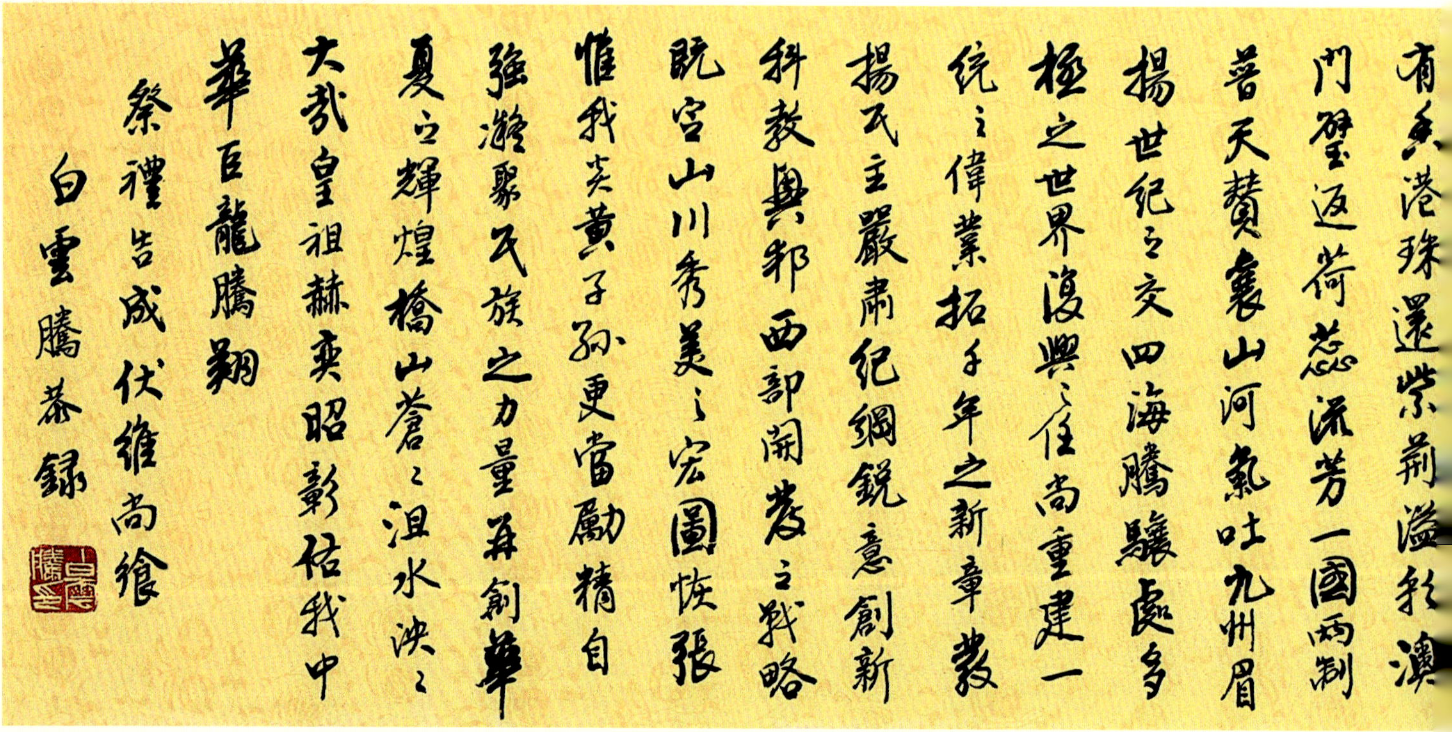

庚辰（2000）年清明公祭轩辕黄帝文

维公元二〇〇〇年四月四日，序属三春，节届清明。东风浩荡，万物滋荣。……谨以束帛雅乐，鲜花芳醴之仪，恭祀我人文始祖轩辕黄帝曰：

懿惟我祖，功德无量。开辟草莱，泽被遐荒。肇启文明，源远流长。至善至美，日月同光。

抚今追昔，思绪浩茫。一百年浴血御侮，五十春建国图强。改革花繁，开放果香。大道连天，国力鼎昌。安定团结，世运呈祥。更有香港珠还，紫荆溢彩；澳门璧返，荷蕊流芳。一国两制，普天赞襄。山河气吐，九州眉扬！

世纪之交，四海腾骧。处多极之世界，复兴之任尚重。建一统之伟业，拓千年之新章。发扬民主，严肃纪纲。锐意创新，科教兴邦。西部开发之战略既定，

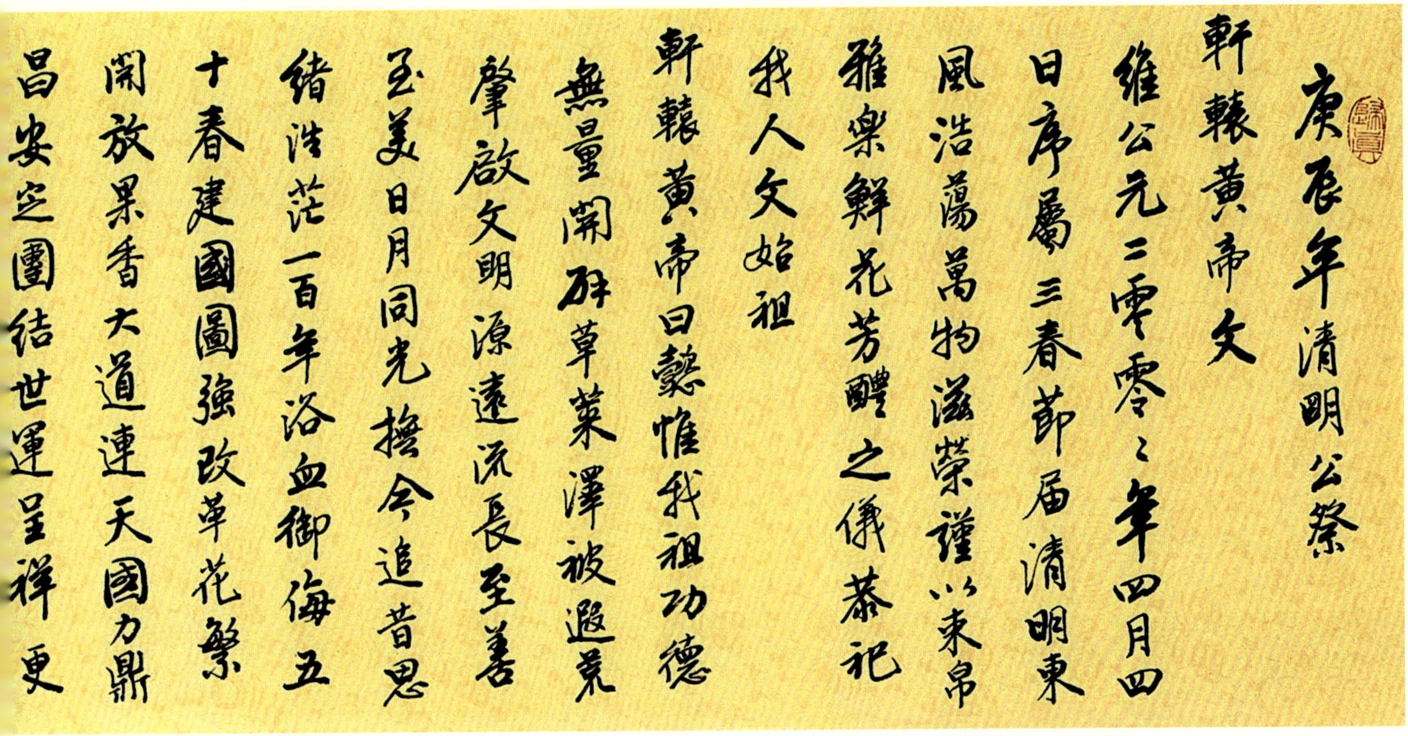
庚辰年清明公祭
軒轅黄帝文
維公元二零零零年四月四
日序屬三春節届清明東
風浩蕩萬物滋榮謹以束帛
雅樂鮮花芳醴之儀恭祀
我人文始祖
軒轅黄帝曰懿惟我祖功德
無量開闢草萊澤被遐荒
肇啟文明源遠流長至善
至美日月同光撫今追昔思
緒浩茫一百年浴血御侮五
十春建國圖強改革花繁
開放果香大道連天國力鼎
昌安定團結世運呈祥更

山川秀美之宏图恢张。惟我炎黄子孙，更当励精自强。凝聚民族之力量，再创华夏之辉煌！

桥山苍苍，沮水泱泱。大哉皇祖，赫奕昭彰。佑我中华，巨龙腾翔。

祭礼告成，伏维尚飨！

书家简介：白云腾，曾任陕西省委常委、秘书长等职。现任陕西省人大常委会副主任。

2000年清明节，黄帝陵基金会在轩辕庙古柏院建立功德碑，彰显为整修黄帝陵工程做出贡献的海内外中华儿女

【重要拜谒】

2000年5月2日，中共中央政治局常委、全国人大常委会委员长李鹏（右一）拜谒黄帝陵

2000年5月6日，全国政协原副主席马文瑞（前）拜谒黄帝陵

2000年9月18日，诺贝尔物理学奖获得者、美籍华人杨振宁拜谒黄帝陵

公元二○○一年

【公祭情况】

2001（辛巳）年清明公祭典礼，陕西省暨延安市和黄陵县各界群众以及港澳台同胞、海外侨胞代表共50000余人参加。全国人大常委会副委员长王光英，全国政协副主席万国权，国务院外国专家局副局长郑怀生，黑龙江省副省长王佐书，陕西省领导人李建国、程安东、安启元、艾丕善、崔林涛、唐绩初、马大谋、桂中岳、苏明、姜信真、黄钟、李雅芳、马殿魁、孙天义、石学友出席典礼。陕西省常务副省长贾治邦主持公祭典礼。各方代表分别向轩辕黄帝敬献花篮。当地群众代表敬献时果和面花等祭品。陕西省省长程安东恭读祭文。全体参祭人员向黄帝像敬行三鞠躬礼，并瞻仰轩辕庙，拜谒黄帝陵。

公祭现场

王光英（前排右三）、万国权（前排右二）在公祭现场

各界代表敬献花篮

公祭礼毕，海外华人在黄帝手植柏前合影留念

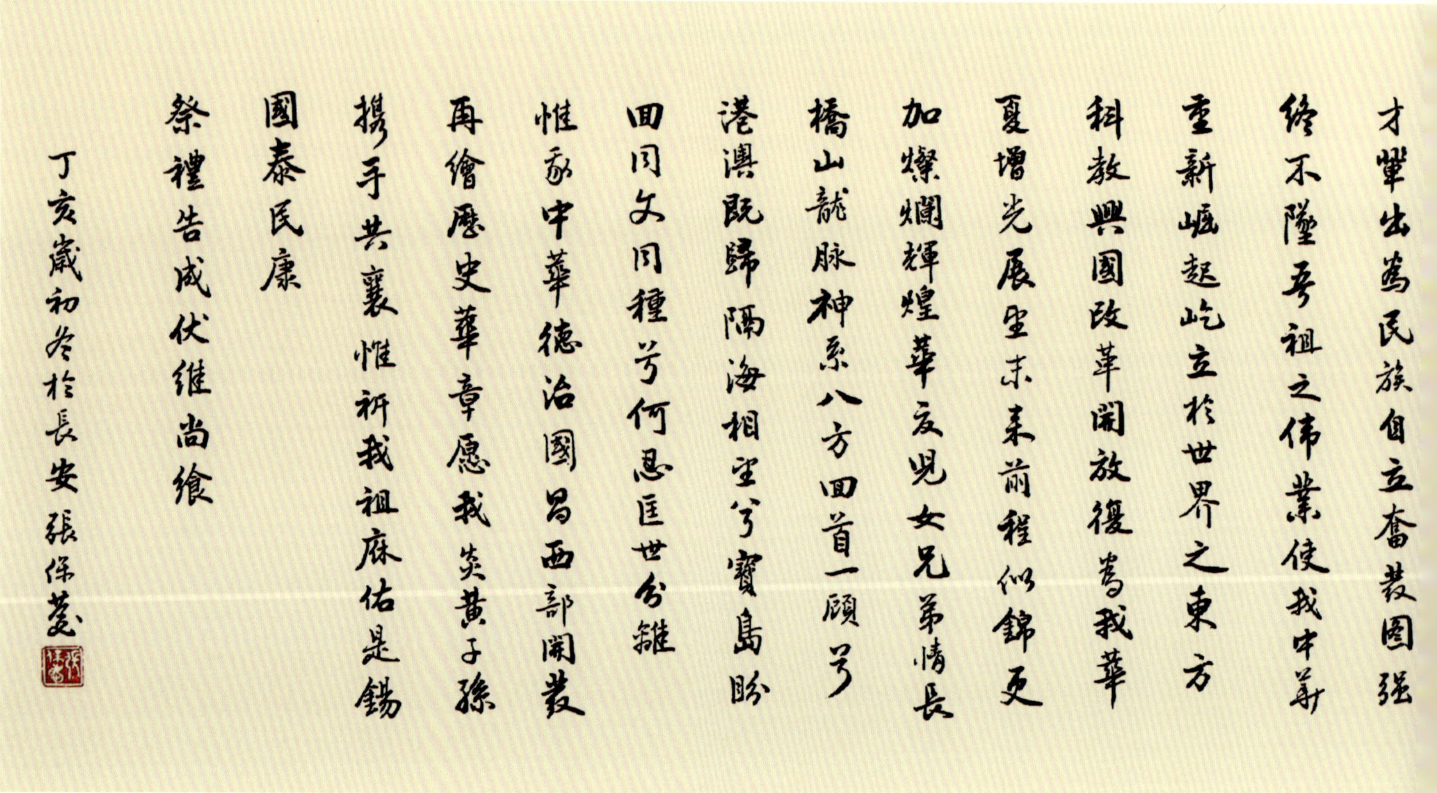

辛巳（2001）年清明公祭轩辕黄帝文

维公元二〇〇一年四月五日，岁在辛巳，时值清明，尔华夏众子孙，谨以鲜花雅乐之仪，恭祭于我始祖轩辕黄帝之陵，曰：

桥山灵秀，沮水汤汤。懿维我祖，勋业辉煌。一统九州，文明兴邦。万代千秋，惟宗是仰。泽被后世，日月同光。制礼定乐，历五千年而流芳。欣逢新千年之首岁，益缅怀吾祖之功德无量。

我中华文化，源远流长。周秦汉唐，万世景仰。虽近代之磨难频仍，岁月沧桑。幸赖我华夏英才辈出，为民族自立奋发图强。终不坠吾祖之伟业，使我中华重新崛起，屹立于世界之东方。科教兴国，改革开放，复为我华夏增光。展望未来，前程似锦，更加灿烂辉煌。华夏儿女，兄弟情长。桥山龙脉，神系八方。回

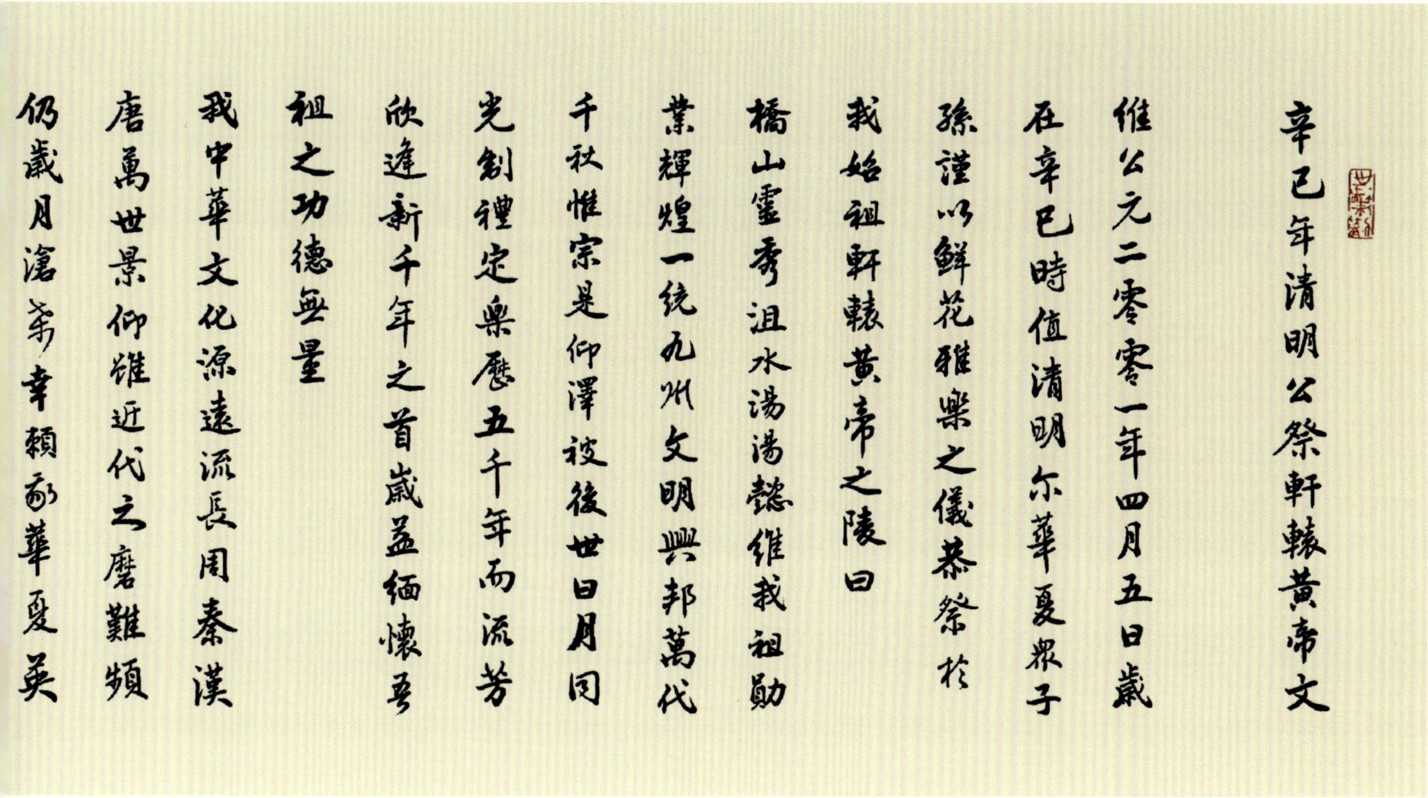
辛巳年清明公祭軒轅黃帝文

維公元二零零一年四月五日歲在辛巳時值清明尔華夏衆子孫謹以鮮花雅樂之儀恭祭於我始祖軒轅黃帝之陵曰

橋山靈秀沮水湯湯懿維我祖勛業輝煌一統九州文明興邦萬代千秋惟宗是仰澤被後世日月同光創禮定樂歷五千年而流芳欣逢新千年之首歲益緬懷吾祖之功德無量

我中華文化源遠流長周秦漢唐萬世景仰雖近代之磨難頻仍歲月滄桑幸賴我華夏英

首一顾兮，港澳既归。隔海相望兮，宝岛盼回。同文同种兮，何忍亘世分离！

惟我中华，德治国昌。西部开发，再绘历史华章。愿我炎黄子孙，携手共襄。惟祈我祖庥佑，是锡国泰民康。

祭礼告成，伏维尚飨。

书家简介：张保庆，曾任中共陕西省委常委、宣传部长，中共陕西省委副书记等职。现任陕西省政协副主席。

◎轩辕庙人文初祖殿

壬午 公元二○○二年

【公祭情况】

2002（壬午）年清明公祭典礼，陕西省暨延安市和黄陵县各界群众以及港澳台同胞、海外侨胞代表数万人参加。中共中央政治局委员、中国社会科学院院长李铁映，全国人大常委会副委员长彭珮云，全国政协副主席孙孚凌，中央和国家机关代表，各省、市、自治区负责人出席典礼。陕西省常务副省长贾治邦主持公祭典礼。中共中央统战部副部长田鹤年和国家税务总局局长金人庆代表中央和国家机关，安徽省人大常委会副主任王秀智和甘肃省副省长崔正华代表各省、市、自治区，全国政协科教文卫体委员会副主任、两院院士周干峙和国务院学位办公室主任、中科院院士周其凤代表科教界，中共陕西省委、省人大常委会、省人民政府、省政协、黄帝陵基金会、省海外联谊会以及延安市、黄陵县代表先后向黄帝敬献花篮。黄陵县当地群众代表敬献水果和特色面花。陕西省省长程安东恭读祭文。全体参祭人员向黄帝像敬行三鞠躬礼。公祭典礼结束后，国家领导人，中央和国家机关、各省、市、自治区领导人，陕西省领导人，以及其他代表还出席了在桥山举行的“黄帝陵整修二期工程祭祀大殿奠基仪式”和“第三届全国特殊奥林匹克运动会火种采集仪式”。

公祭现场

公祭礼毕，陕西省人民政府在桥山举行黄帝陵整修二期工程祭祀大殿奠基仪式，李铁映、彭珮云、孙孚凌出席

◎祭祀大院阙门

公祭礼毕，中国残联、国家体育总局、中国特殊奥林匹克委员会在轩辕庙人文初祖殿前，举行中华人民共和国第三届特殊奥林匹克运动会火种采集仪式，李铁映、彭珮云出席

国家体操队原队员桑兰接传火种

龙腾友谊林为海外侨胞捐资栽植，位于桥山登陵大道南侧

◎桥山柏树群

壬午（2002）年清明公祭轩辕黄帝文

维公元二〇〇二年四月五日，节届清明，载春载阳；桥山凝翠，神州腾骧。……谨以鲜花雅乐、素果醪浆之仪，恭祀于我人文始祖轩辕黄帝之陵曰：

赫赫始祖，文圣武煌。造舟车，创文字，为天地立心，启文明于草昧；伐蚩尤，定一统，为生民立命，开太平于洪荒。惠贻万代，泽沐八方。天下华胄，是景是仰。

吾祖洪德，庥荫赐祥，华夏经千载而弥盛，历万险而益强。爰及当代，经济建设，纲举目张。深化改革，扩大开放；坚持法制，民主兴邦；以德治国，刑仁俭让；中华振兴，蒸蒸日上。旋看花开南国，特区建设硕果累累；更听浪激北疆，西部开发众志昂昂。举国安定，尧天溢采；山川秀美，舜地流芳。国逢盛世，民富小康；中国特色，伟业辉煌。成功申奥，神州九万里气吐眉扬；加入世贸，华夏十二亿励精图强。且喜港澳回归，一国两制携手并航；惟盼金瓯无缺，海峡

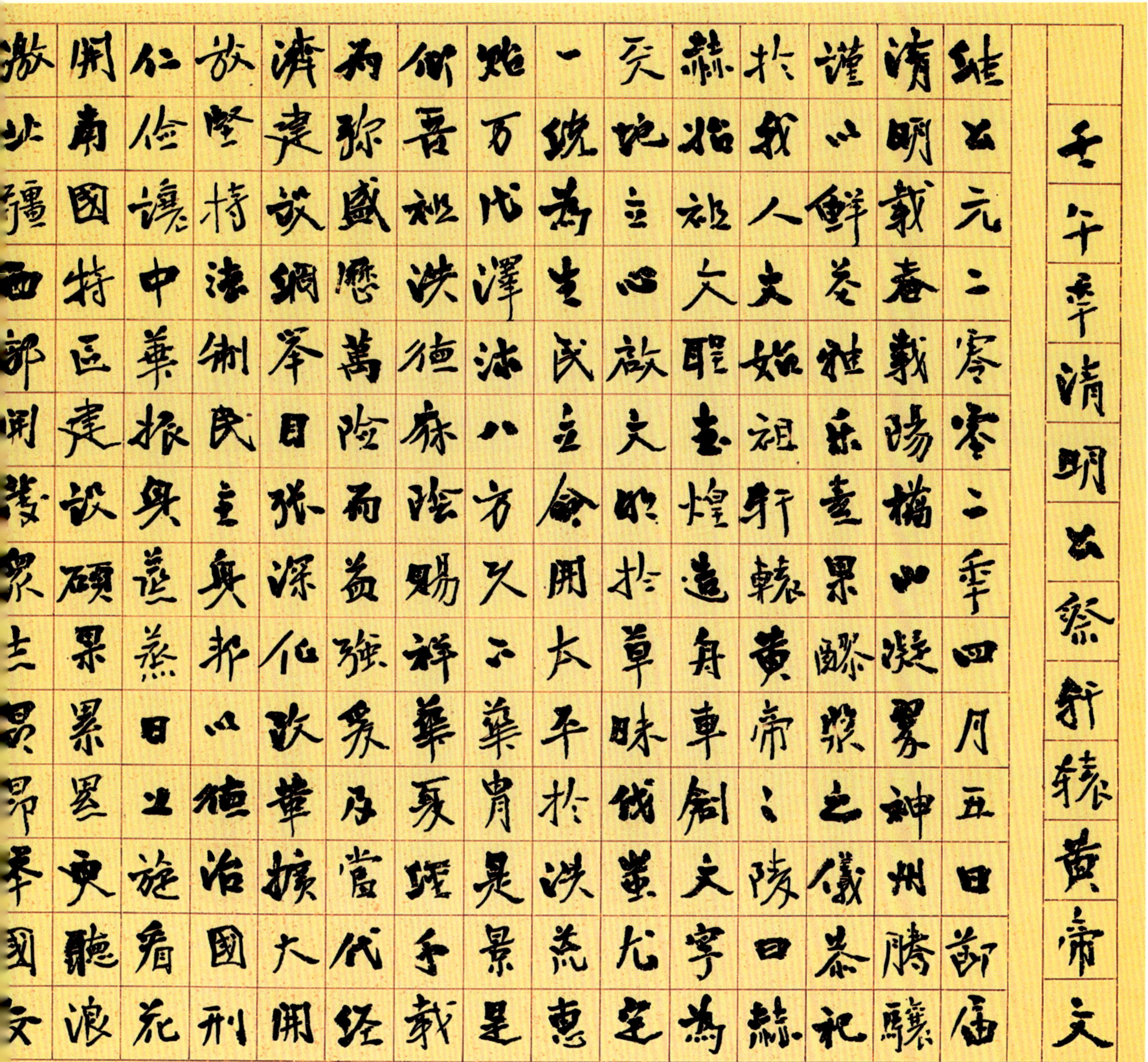

子孙一脉炎黄。

展望全球，风云激荡，和平发展乃时代主流，富民强国系民族希望。强国为本，仍当抓紧机遇，实施科教兴国战略；富民为先，尤须面对挑战，落实三个代表思想。冀我全民，愿我全党，唯法是依，唯德是昌，反贪拒腐，清正贞刚，与时俱进，求新开创，五星红旗，万世永扬！

桥山苍苍，沮水泱泱，大哉始祖，圣德无量。祭礼告成，伏维尚飨。

书家简介：李成海，陕西省书法家协会副主席，陕西省文史研究馆馆员，陕西省文联委员。

【重要拜谒】

2002年9月11日，中共中央政治局常委、全国政协主席李瑞环（左三）拜谒黄帝陵

2002年10月25日，中共中央政治局常委、国务院副总理李岚清（左九）拜谒黄帝陵

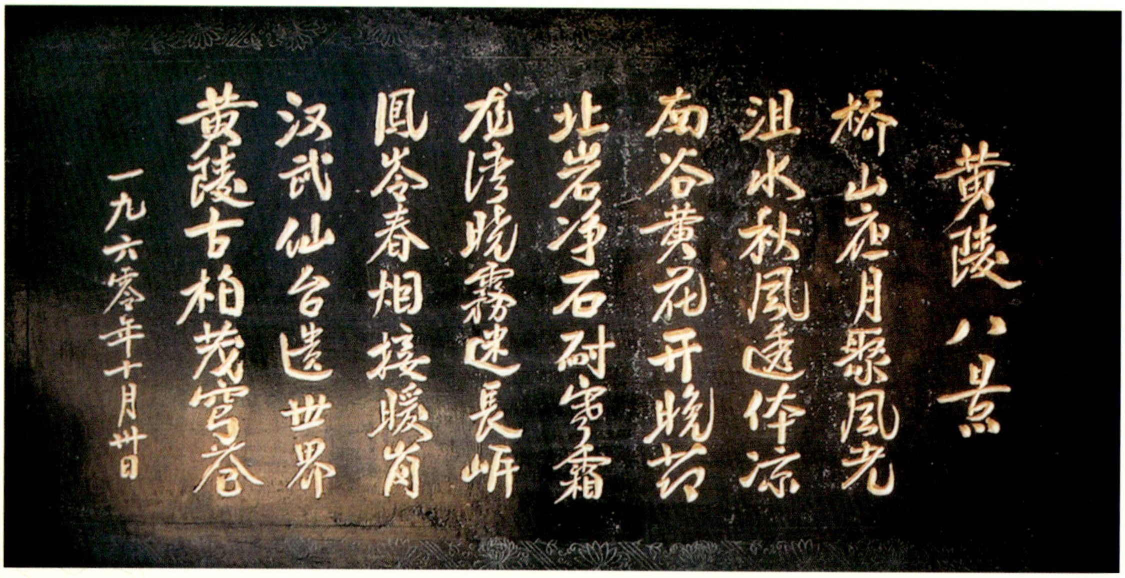
黄陵八景
桥山夜月飘風光
沮水秋風透体凉
南谷黄花开晚节
北岩净石耐寒霜
龙湾晓雾迷長岍
鳳岺春烟接暖宵
汉武仙台遗世界
黄陵古柏茂穹苍
一九六零年十月卅日

癸未 公元二○○三年

【公祭情况】

2003（癸未）年清明公祭典礼，陕西省暨延安市和黄陵县各界群众以及港澳台同胞、海外侨胞代表数万人参加。全国人大常委会副委员长许嘉璐，全国政协副主席罗豪才，中央和国家机关及各省、市、自治区领导人，陕西省领导人李建国、贾治邦、艾丕善、袁纯清、董雷、栗战书出席典礼。陕西省常务副省长陈德铭主持公祭典礼。许嘉璐、罗豪才、中央和国家机关代表、各省、市、自治区代表、陕西省各界代表、港澳台同胞、海外侨胞代表，依次向黄帝敬献花篮。天津市和安徽省领导人代表34个省、市、自治区和特别行政区敬献由34个精致面花组成的祭品。陕西省省长贾治邦恭读祭文。全体参祭人员向黄帝像敬行三鞠躬礼，并瞻仰轩辕庙，拜谒黄帝陵。

公祭现场

公祭现场

公祭仪仗礼仪

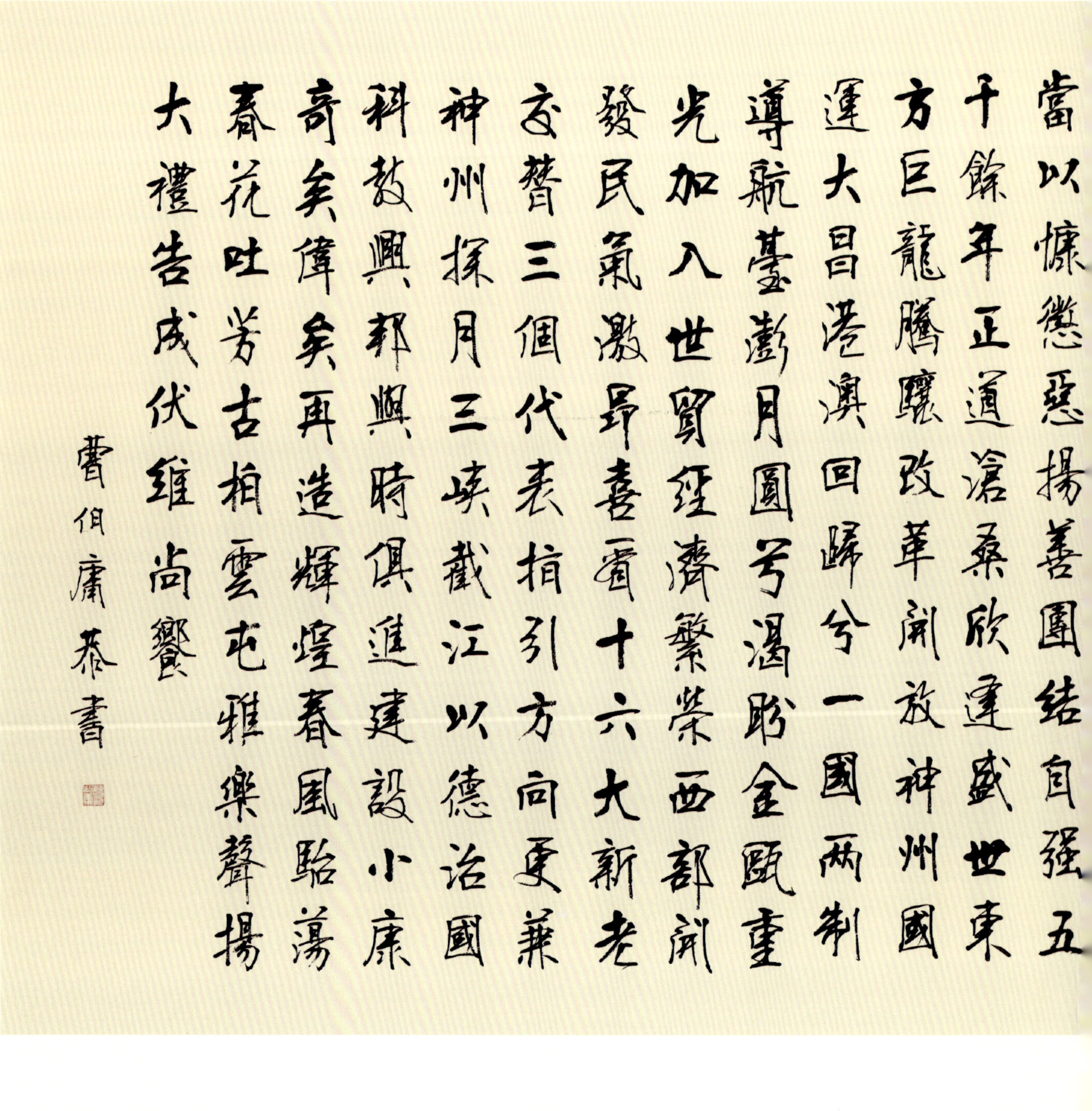

癸未（2003）年清明公祭轩辕黄帝文

维公元二〇〇三年四月五日，节届清明，序属三春。神州日丽，万象更新。沮水扬波，桥山凝芬。……谨以鲜花素果之仪，恭祭于我始祖轩辕黄帝之陵曰：

大哉吾祖，德惠修长！植五谷，艺蚕桑，创物质文明，开万世太平之基；兴礼乐，倡教化，导精神文明，启千秋礼仪之邦。造舟车，辑睦九州；具指南，经营殊方。百族协和，四海鹰扬。伟矣奇矣，功被遐荒！

伟哉中华，雄立东方！艰苦创业，慨当以慷。惩恶扬善，团结自强。五千余年，正道沧桑。欣逢盛世，东方巨龙腾骧。改革开放，神州国运大昌。港澳回归兮，一国两制导航。台澎月圆兮，渴盼金瓯重光。加入世贸，经济繁荣；西部开发，民气激昂。喜看十六大新老交替，三个代表指引方向。更兼“神舟”探月，三峡截江，以德治国，科教兴邦，与时俱进，建设小康。奇矣伟矣，再造辉煌！

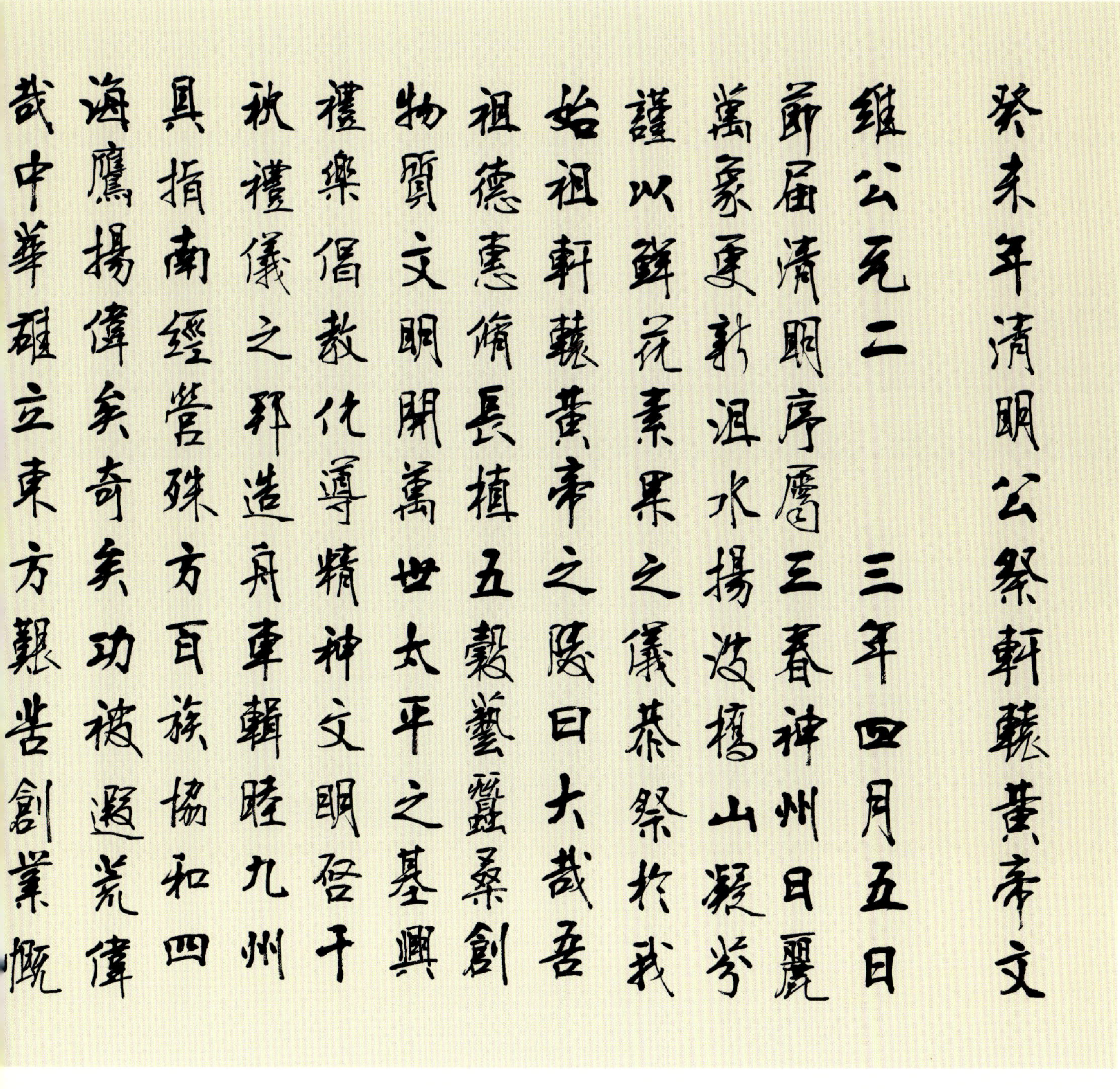

春风骀荡，春花吐芳。古柏云屯，雅乐声扬。大礼告成，伏维尚飨！

书家简介：曹伯庸，陕西师范大学文学院教授、陕西省文史研究馆馆员、陕西省书法家协会顾问。

【重要拜谒】

2003年5月15日，中共中央政治局常委、中央纪律检查委员会书记吴官正（前排中）拜谒黄帝陵

2003年6月18日，中共中央政治局委员、书记处书记、中央组织部部长贺国强（前排右三）拜谒黄帝陵

2003年8月5日，中共中央政治局常委、全国政协主席贾庆林，全国政协副主席王忠禹拜谒黄帝陵

2003年8月22日，全国政协副主席阿不来提·阿不都热西提拜谒黄帝陵

2003年9月23日，中共中央书记处书记、中央军委委员、
解放军总政治部主任徐才厚上将（前排中）拜谒黄帝陵

2003年8月23日，中共中央政治局常委李长春拜谒黄帝陵

公元二○○四年

【公祭情况】

2004（甲申）年清明公祭典礼，在桥山新建成的轩辕殿前祭祀广场举行。陕西省暨延安市和黄陵县各界群众以及港澳台同胞、海外侨胞代表数万人参加。全国人大常委会副委员长成思危，全国政协副主席李蒙，中央和国家机关及各省、市、自治区领导人，陕西省领导人艾丕善、袁纯清、董雷、张保庆、杨永茂、杨士秋、崔林涛、白云腾、田源、刘锦才、石学友、刘石民、王镇西、萧东海出席典礼。中共陕西省委书记、陕西省人大常委会主任李建国，以及首次遴选的“民间主祭人”上海复兴集团董事长郭广昌，中央和国家机关代表，各省、市、自治区代表、港澳台同胞和海外侨胞代表，以及延安市、黄陵县代表先后向轩辕黄帝敬献花篮。陕西省省长贾治邦恭读祭文。全体参祭人员向黄帝像敬行三鞠躬礼。400多名学生表演了大型告祭乐舞。公祭礼毕，参祭人员瞻仰轩辕殿，拜谒黄帝陵。中央电视台向全球直播了此次公祭活动。

本次公祭典礼上，告祭乐舞共有四个乐章：①祥云吉雨，以黄帝时代的云门大卷为创作依据，歌颂黄帝功德；②百兽率舞，鸟兽图腾是黄帝时代部落的标志，使用各种道具，表现部落间的和谐共荣；③中华鼓魂，用陕西洛川鳖鼓、韩城行鼓等鼓乐，表现昂扬向上的民族精神；④驭龙飞天，在激烈的鼓声中，黄色巨龙腾空而起，象征中华民族的崛起和昌盛。乐舞告祭时间约14分钟。

公祭现场

成思危（前排左二）、李蒙（前排左三）在公祭现场

公祭仪仗礼仪

中共陕西省委书记、陕西省人大常委会主任李建国代表中共陕西省委、省人大常委会、省政府、省政协敬献花篮

陕西省省长贾治邦恭读祭文

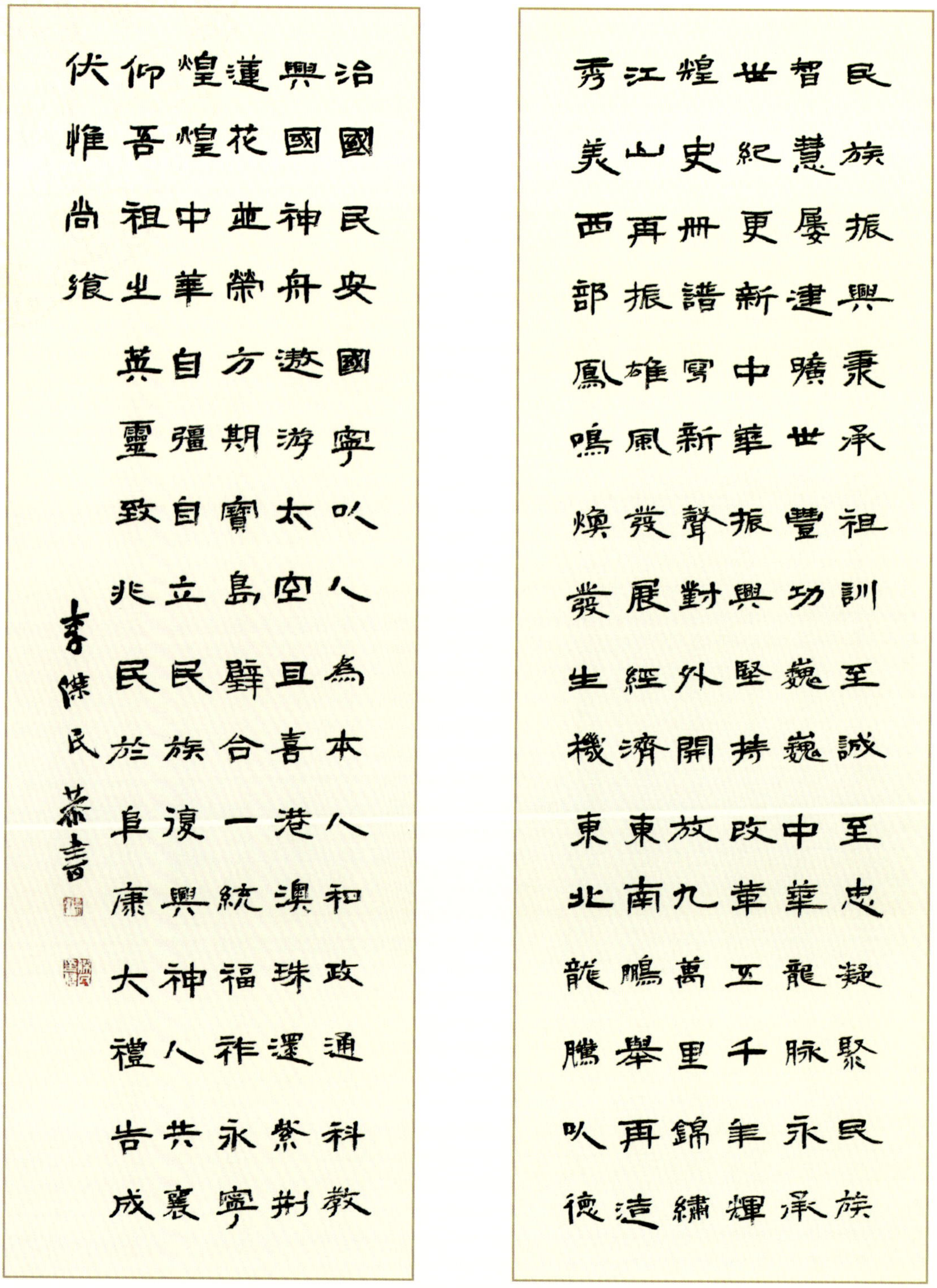

甲申（2004）年清明公祭轩辕黄帝文

维公元二〇〇四年四月四日，岁在甲申，节届清明。丽日中天，惠风融融。中华儿女，炎黄子孙，会聚桥山之麓，沮水之滨，谨以鲜花雅乐，聊表至诚之心。公祭我人文初祖轩辕黄帝曰：

赫赫吾祖，功德何隆！建造宫室，福我百姓。树艺五谷，济我苍生。服牛乘马，披山道通。法乾坤以正衣裳，造书契而立五行。宾服诸侯，九州一统。广施教化，四海同宗。创千秋之伟业，启万世之文明。周秦以降，爰至近世。仁人志士，民族精英，惟大业是勤，惟祖德是崇。为国家康泰，为民族振兴，秉承祖训，至诚至忠。凝聚民族智慧，屡建旷世丰功。巍巍中华，龙脉永承！

世纪更新，中华振兴。坚持改革，五千年辉煌史册，谱写新声。对外开放，九万里锦绣江山，再振雄风。发展经济，东南鹏举；再造秀美，西部凤鸣；焕发

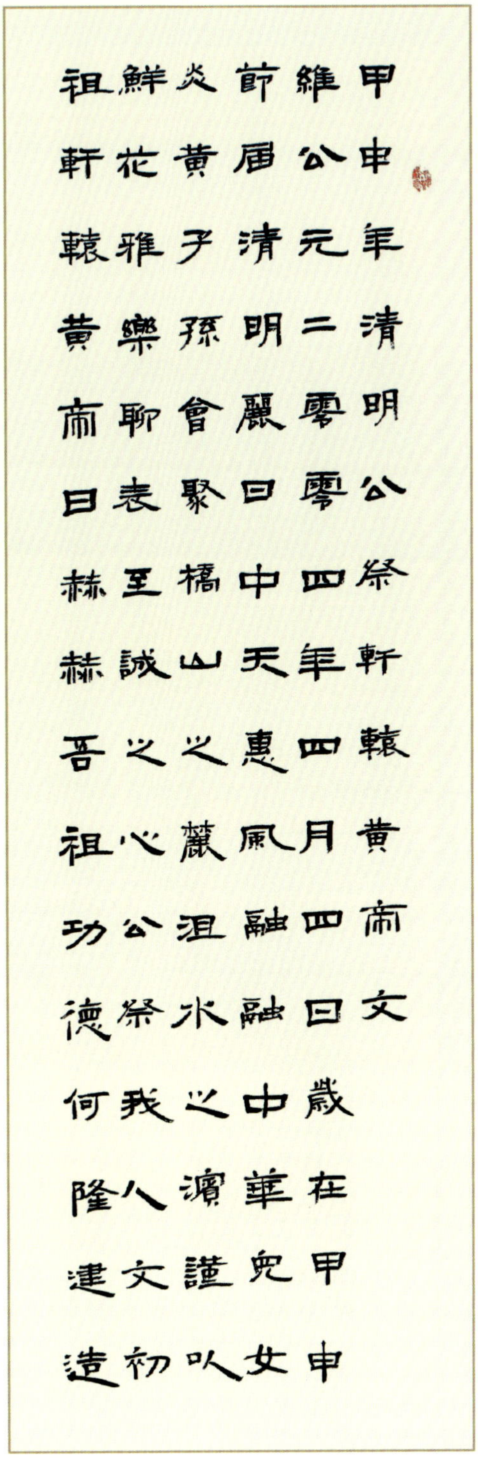

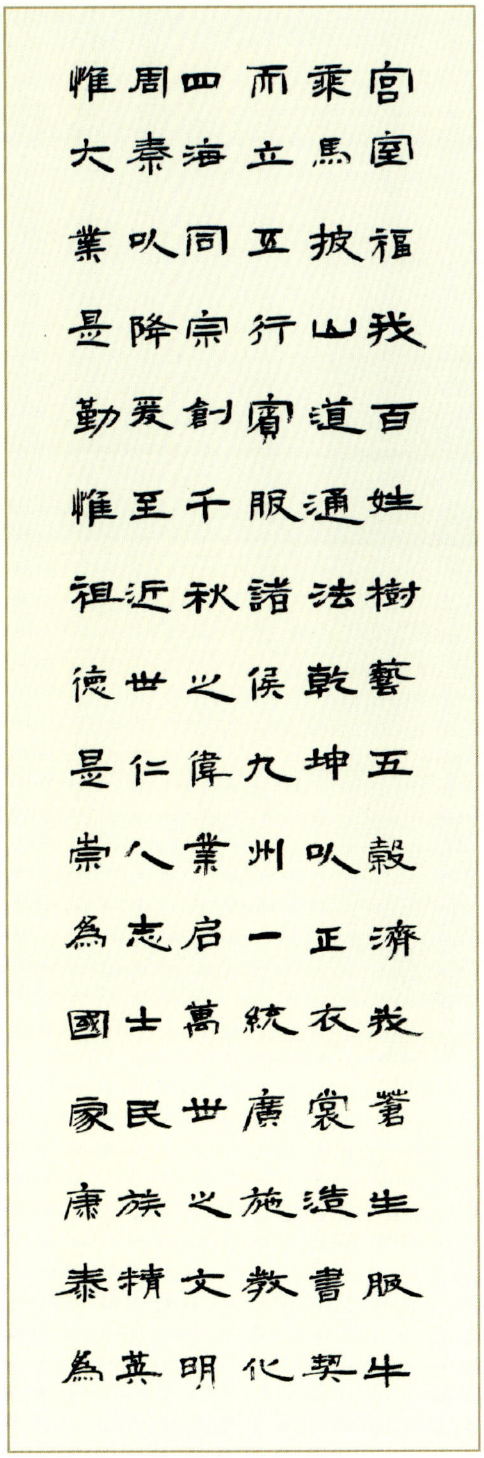

生机，东北龙腾。以德治国，民安国宁；以人为本，人和政通。科教兴国，“神舟”遨游太空。且喜港澳珠还，紫荆莲花并荣；方期宝岛璧合，一统福祚永宁。

煌煌中华，自立自强。民族复兴，神人共襄。仰吾祖之英灵，致兆民于阜康。

大礼告成，伏惟尚飨。

书家简介：李杰民，陕西省美术博物馆馆长，陕西省书法家协会副主席，陕西省文史研究馆研究员。

【重要拜谒】

2004年4月14日，中共中央政治局委员、书记处书记、中央宣传部部长刘云山拜谒黄帝陵

2004年6月27日，全国政协原副主席王文元拜谒黄帝陵

2004年9月22日，全国人大常委会原副委员长、中国科协主席周光召拜谒黄帝陵

◎黄帝陵祭祀大院全景

乙酉 公元二○○五年

【公祭情况】

2005（乙酉）年清明公祭典礼，在桥山轩辕大殿前祭祀广场举行。陕西省暨延安市和黄陵县各界群众以及港澳台同胞、海外侨胞代表共5000余人参加。全国人大常委会副委员长许嘉璐，全国政协副主席、中共中央统战部部长、中华海外联谊会会长刘延东，中央和国家机关及31个省、市、自治区代表，中国国民党中央委员会常务委员蒋孝严，陕西省领导人董雷、杨永茂、陈时宝、李希、高宜新、刘锦才、胡悦以及为整修黄帝陵工程捐资的单位和个人代表出席典礼。陕西省常务副省长赵正永主持公祭典礼。许嘉璐、刘延东、蒋孝严、香港恒基兆业地产集团主席李兆基，中共中央统战部副部长、中华海外联谊会副会长黄跃金，全国政协常委、全国台联会长梁国扬代表中央和国家机关，美国美中地区华人社团联合会主席梁冠军，中华海外联谊会常务理事、美国成功集团有限公司董事长李玉玲代表海外侨胞，全国政协常委、香港知名人士陈永祺，全国政协委员、中华海外联谊会副会长、澳门特别行政区行政委员会委员、澳门康则工商有限公司董事长廖泽云代表港澳同胞，台湾海峡两岸合作发展基金会董事长张世良、台湾长发证券董事长黄文财、台湾两岸文经交流协会理事长许文彬代表台湾同胞，江苏省人大常委会副主任叶坚、天津市副市长只升华代表各省、市、自治区，中共陕西省委、省人民政府、省人大常委会、省政协、延安市、黄陵县代表先后敬献花篮。陕西省省长陈德铭恭读祭文。300余名中小学生表演了祭祀乐舞。公祭礼毕，全体参祭人员瞻仰轩辕殿，拜谒黄帝陵。

公祭现场

告祭乐舞第一乐章——祥云吉雨

全国政协副主席、中共中央统战部部长、中华海外联谊会会长刘延东敬献花篮

在公祭现场，中国国民党中央委员会常务委员蒋孝严接受记者采访

主席台左起：陕西省人民政府副秘书长周玉明、薛汉军，中共陕西省委常委、常务副省长赵正永，陕西省政协原副主席、黄帝陵基金会理事长孙天义

2005年3月28日，陕西省人民政府在西安举行《陕西省志·黄帝陵志》首发仪式

◎轩辕殿内景

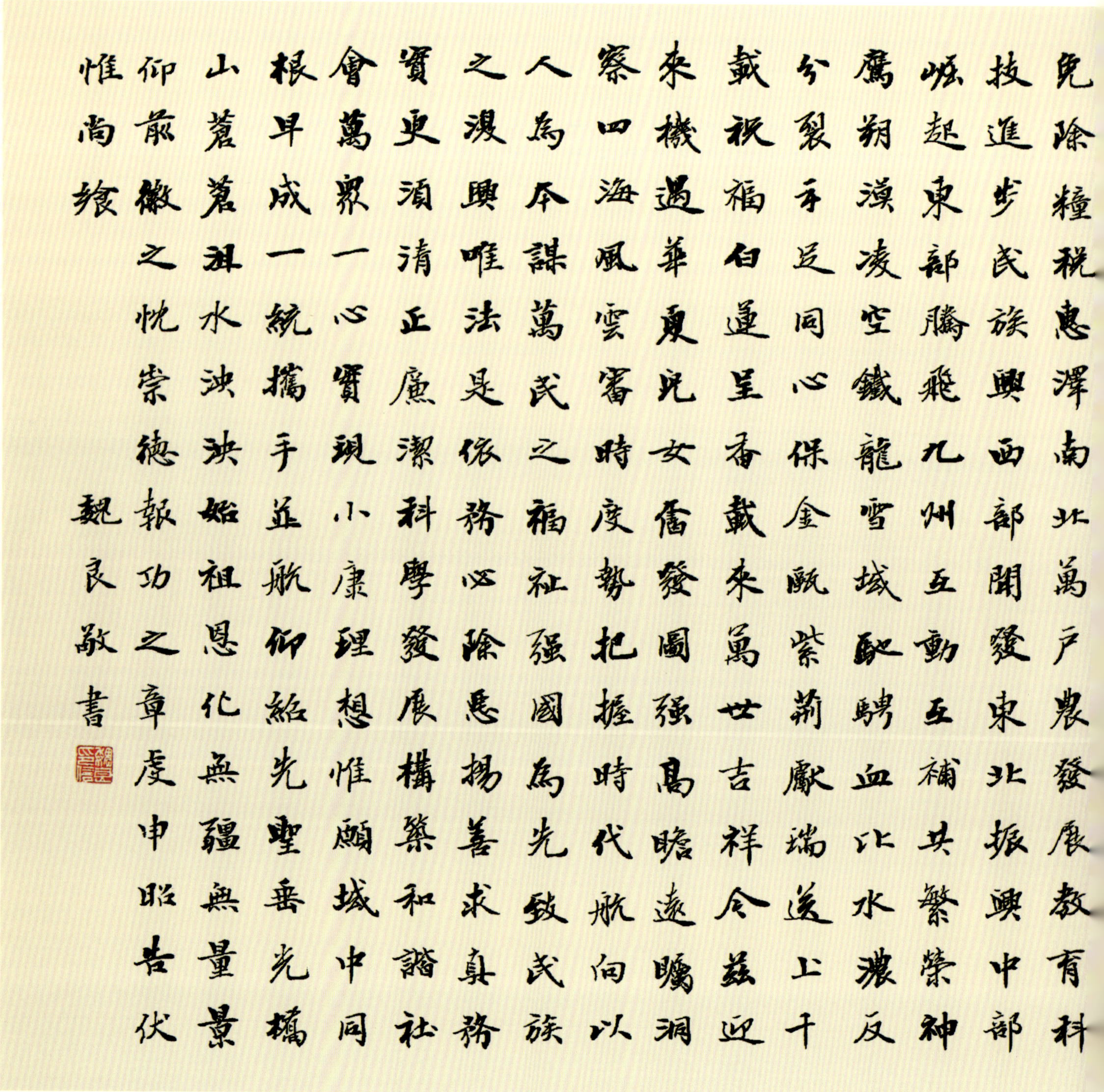

乙酉（2005）年清明公祭轩辕黄帝文

维公元二〇〇五年四月五日，序属三春，节届清明。八方辐辏，四海同风。华夏儿女，谨以俎馐醪浆之荐，时花雅乐之隆，致祭于我人文始祖轩辕黄帝之陵。属辞以闻，情动于衷。辞曰：

夫业伟则永，德盛则昌。赫赫始祖，德业煌煌。涿鹿绝辔，天下宾从四野；宫室既筑，文明肇始八荒。造舟车而九垓同轨，作仪礼则谐和万邦。莳播百谷，顺应天地之纪；淳化鸟兽，节用山川之享。是以咸沐仁泽，而山海献珍，广被圣德，仰日月重光。

喜看华夏今朝，再造辉煌。承传五千年文明之薪火，谱写与时俱进之华章。改革开放，破冰激浊扬清波；宏观调控，保压并举防起落；免除粮税，惠泽南北万户农；发展教育，科技进步民族兴。西部开发，东北振兴，中部崛起，东部腾飞，九州互动互补共繁荣。神鹰朔漠凌空，铁龙雪域驰骋；血比水浓反分裂，手足同心保金瓯；紫荆献瑞，送上千载祝福；白莲呈香，载来万世吉祥。

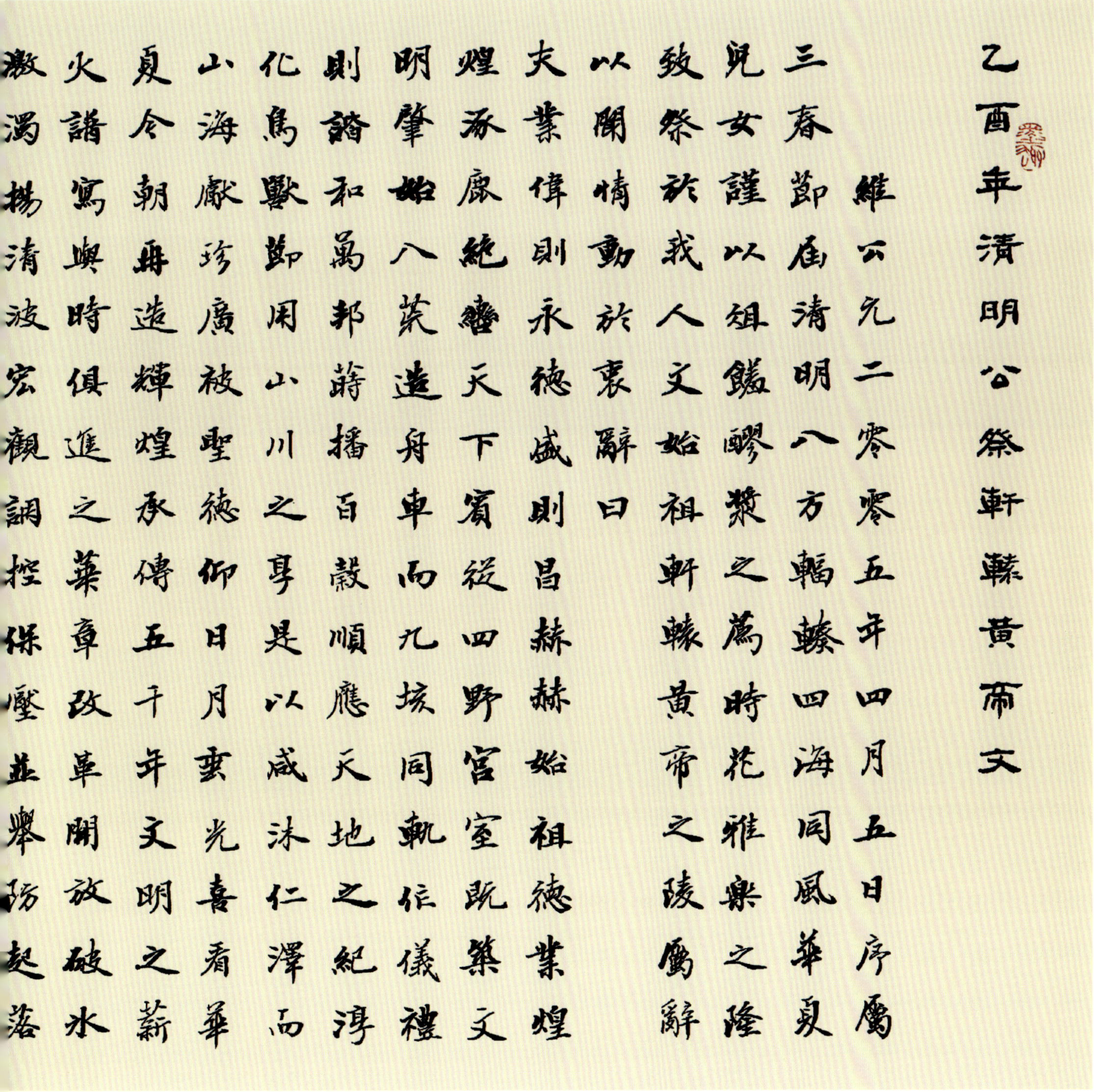

今兹迎来机遇，华夏儿女，奋发图强。高瞻远瞩，洞察四海风云；审时度势，把握时代航向。以人为本，谋万民之福祉；强国为先，致民族之复兴。唯法是依，务必除恶扬善；求真务实，更须清正廉洁。科学发展，构筑和谐社会；万众一心，实现小康理想。惟愿域中同根，早成一统，携手并航，仰绍先圣垂光。

桥山苍苍，沮水泱泱；始祖恩化，无疆无量。景仰前徽之忱，崇德报功之章。虔申昭告，伏惟尚飨。

书家简介：魏　良，陕西省书法家协会副主席，陕西省文联委员，陕西省政协委员。

【重要拜谒】

2005年4月4日，中共中央政治局常委、全国人大常委会委员长吴邦国（前排左五）拜谒黄帝陵

2005年5月3日，全国人大常委会副委员长司马义·艾买提（右一）拜谒黄帝陵

2005年6月5日，全国人大常委会副委员长布赫（左二）拜谒黄帝陵

【重要拜谒】

2005年5月6日，台湾亲民党主席宋楚瑜（前排左六）率亲民党大陆访问团拜祭黄帝陵。宋楚瑜感言："炎黄子孙不忘本、两岸兄弟一家亲"

丙戌 公元二○○六年

【公祭情况】

2006（丙戌）年清明公祭典礼，陕西省暨延安市和黄陵县各界群众以及港澳台同胞、海外侨胞代表共5000余人参加。全国人大常委会副委员长韩启德，全国政协副主席李兆焯，中央和国家机关及各省、市、自治区代表，丙戌年年度主祭人、宝钢集团有限公司董事长谢企华，陕西省领导人李建国、袁纯清、董雷、杨永茂、李希以及为整修黄帝陵工程捐资的单位和个人代表出席典礼。陕西省常务副省长赵正永主持公祭典礼。韩启德、李兆焯，中共陕西省委书记、省人大常委会主任李建国，陕西省省长陈德铭为新制作的安放在祭祀大殿前广场上的“龙魂”大钟和“闻天”大鼓揭幕。韩启德、李兆焯、谢企华先后敬献花篮。全国政协常委、中华海外联谊会常务副会长梁金泉，国家工商总局副局长李东生代表中央和国家机关，河南省政协主席王全书、上海市副市长胡延照代表各省、市、自治区，台湾亲民党秘书长秦金生，世界苏氏宗亲会理事长、印尼苏钢集团总裁苏用发和澳大利亚自由党华裔首席顾问张俊明代表海外侨胞，香港中华总商会会长、有荣有限公司总经理霍震寰和香港中华厂商联合会会长、合兴集团有限公司董事长洪克协代表港澳同胞，台湾连锁加盟协会理事长王国安、深圳台资企业协会名誉会长黄文财、台湾陕西同乡会总执行长张佐鹏和中华全国理事长协会会长、台湾理事长联合总会主席林文昌代表台湾同胞，中共陕西省委、省人大常委会、省人民政府、省政协，以及延安市、黄陵县代表等，分别向黄帝敬献花篮。陈德铭恭读祭文。300余名中小学生表演了祭祀乐舞。公祭礼毕，全体参祭人员依次瞻仰轩辕殿，拜谒黄帝陵。

公祭现场

韩启德（前排左六）、李兆焯（前排左七）在公祭现场

陕西省省长陈德铭恭读祭文

告祭乐舞第二乐章——蚕桑舞

韩启德、李兆焯、李建国、陈德铭为“闻天大鼓”揭幕

少儿腰鼓迎宾方阵

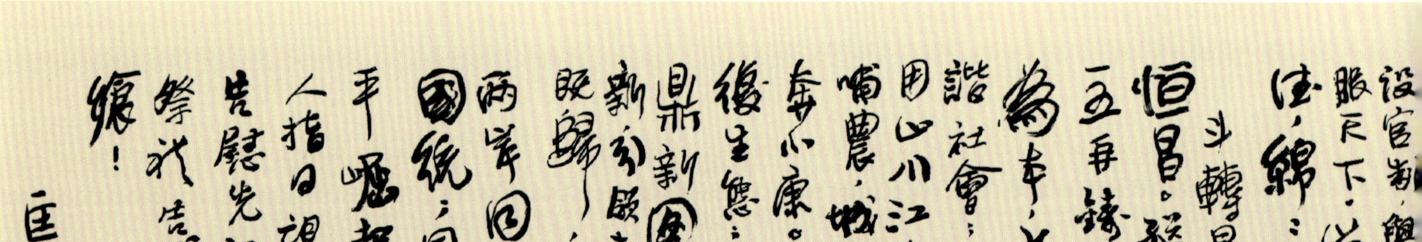

丙戌（2006）年清明公祭黄帝陵祭文

公元二〇〇六年四月五日，岁在丙戌，节届清明。值此万物复荣之时，炎黄子孙汇聚桥山之麓，高奏钟鼓雅乐，敬奉鲜花素果，公祭我人文初祖轩辕黄帝之陵曰：

桥山苍苍，沮水泱泱，始祖肇启五千年文明曙光。纬天经地，日明月朗，华夏十三亿儿女源远流长。务农桑，筑城室，初定家邦；创文字，造舟车，走出洪荒；定算数，问医药，教化万民；设官制，举贤能，义服天下。巍巍先祖功德，绵绵万世流芳。

斗转星移，国运恒昌。继往开来，十一五再铸辉煌。以人为本，九州共建和谐社会；以俭养德，节用山川江海之享；以工哺农，城乡携手齐奔小康。天人合一，修复生态；坚定改革，鼎新图强；自主创新，引领未来。港澳既归，台澎难分，两岸同胞翘首盼国统；同心协力，和平崛起，全球华人指日望龙腾！

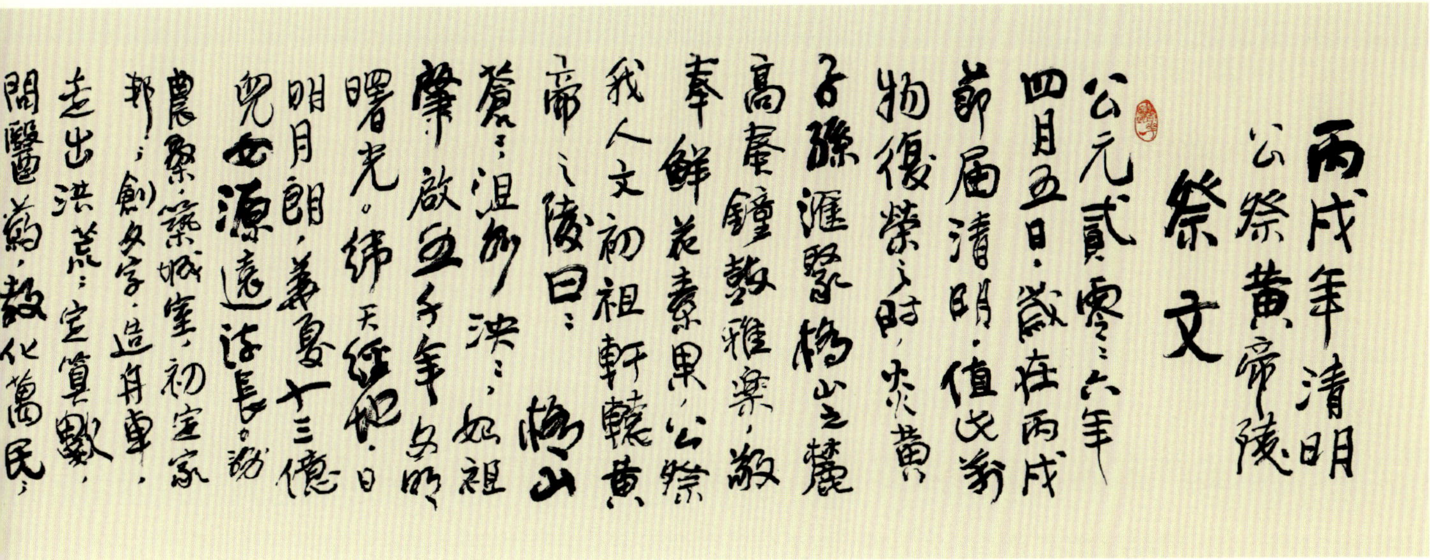

告慰先祖，永赐吉祥。祭礼告成，伏惟尚飨！

书家简介：郭匡燮，中国作家协会会员，中国散文学会理事。

2006年9月30日，中共中央政治局常委李长春在中宣部《网上动态》159期上批示：……祭黄帝陵可和对台工作相结合，和弘扬传统文化相结合，和团结、凝聚海内外同胞相结合，每年都要好好策划一下，取得最佳的社会效益。

2006年，国务院公布第一批国家级非物质文化遗产名录，黄帝陵祭典活动被列为民俗项目中八大祭典活动之首。

丁亥 公元二○○七年

【公祭情况】

2007（丁亥）年清明公祭典礼，陕西省暨延安市和黄陵县各界群众以及港澳台同胞、海外侨胞代表10000余人参加。全国人大常委会副委员长李铁映、蒋正华，全国政协副主席张思卿，中央和国家机关及各省、市、自治区代表，出席第二届华商领袖年会的华商领袖代表，中共陕西省委书记赵乐际，陕西省省长袁纯清等中共陕西省委、省人大常委会、省人民政府、省政协、省军区的领导人，陕西各界代表以及助建黄帝陵整修工程的单位和个人代表出席典礼。陕西省常务副省长赵正永主持公祭典礼。袁纯清恭读祭文。李铁映、蒋正华、张思卿先后敬献花篮。丁亥年年度主祭人、神华集团公司总经理张喜武，中央人民政府驻香港特别行政区联络办公室副主任郭莉，国家知识产权局局长田力普，山东省常务副省长王仁元，青海省副省长马建堂代表中央和国家机关及各省、市、自治区，世界华人协会会长程万琦，香港金利来有限公司主席曾宪梓，泰国正大集团董事长谢焕，澳门金都集团董事长杨光代表港澳同胞、海外侨胞，台湾亲民党中央黄陵谒祖代表团团长、亲民党秘书长秦金生，台湾新党前主席谢启大，台湾中华心灵美全民推展协会荣誉总顾问王梅，台湾中华统一促进党主席林正杰，中华统一联盟前主席陈钦铭，台湾向阳基金董事会董事长廖正豪，西安市台资企业协会会长孙芳山，深圳市台资企业协会荣誉会长黄文财代表台湾同胞，中共陕西省委、省人大常委会、省人民政府、省政协、延安市、黄陵县代表先后向轩辕黄帝敬献花篮。典礼中，1000余名中小学生表演了祭祀乐舞。全体参祭人员向黄帝像敬行三鞠躬礼。公祭礼毕，全体参祭人员瞻仰轩辕殿，拜谒黄帝陵。

公祭现场

李铁映（前排中）、蒋正华（前排右二）、张思卿（前排左二）在公祭现场

中共陕西省委书记赵乐际代表中共陕西省委、省人大常委会、省政府、省政协敬献花篮

陕西省省长袁纯清恭读祭文

中共陕西省委常委、常务副省长、省清明公祭轩辕黄帝陵典礼筹备工作委员会主任赵正永主持公祭典礼

程万琦、曾宪梓、谢焕、杨光代表港澳侨胞、海外同胞敬献花篮

谢启大、王梅、林正杰、陈钦铭、廖正豪、孙芳山、黄文财代表台湾同胞敬献花篮

公祭礼毕，香港各界代表150余人在轩辕庙院内举行“香港回归祖国十周年纪念碑揭碑仪式”

主席台左起：西北大学校长孙勇，黄帝陵基金会理事长孙天义，陕西省政协副主席陆栋，中共陕西省委常委、常务副省长 赵正永，西北大学名誉校长、教授张岂之，国家文物局原局长张文彬，陕西省社 科院院长余华清

台湾辅仁大学校长黎建球向研讨会发来『炎黄同血脉，台海永康宁』书法作品

2007年4月2～3日，陕西省人民政府在西安举行“黄帝与中华文化学术研讨会”，50余名海内外著名学者参加。

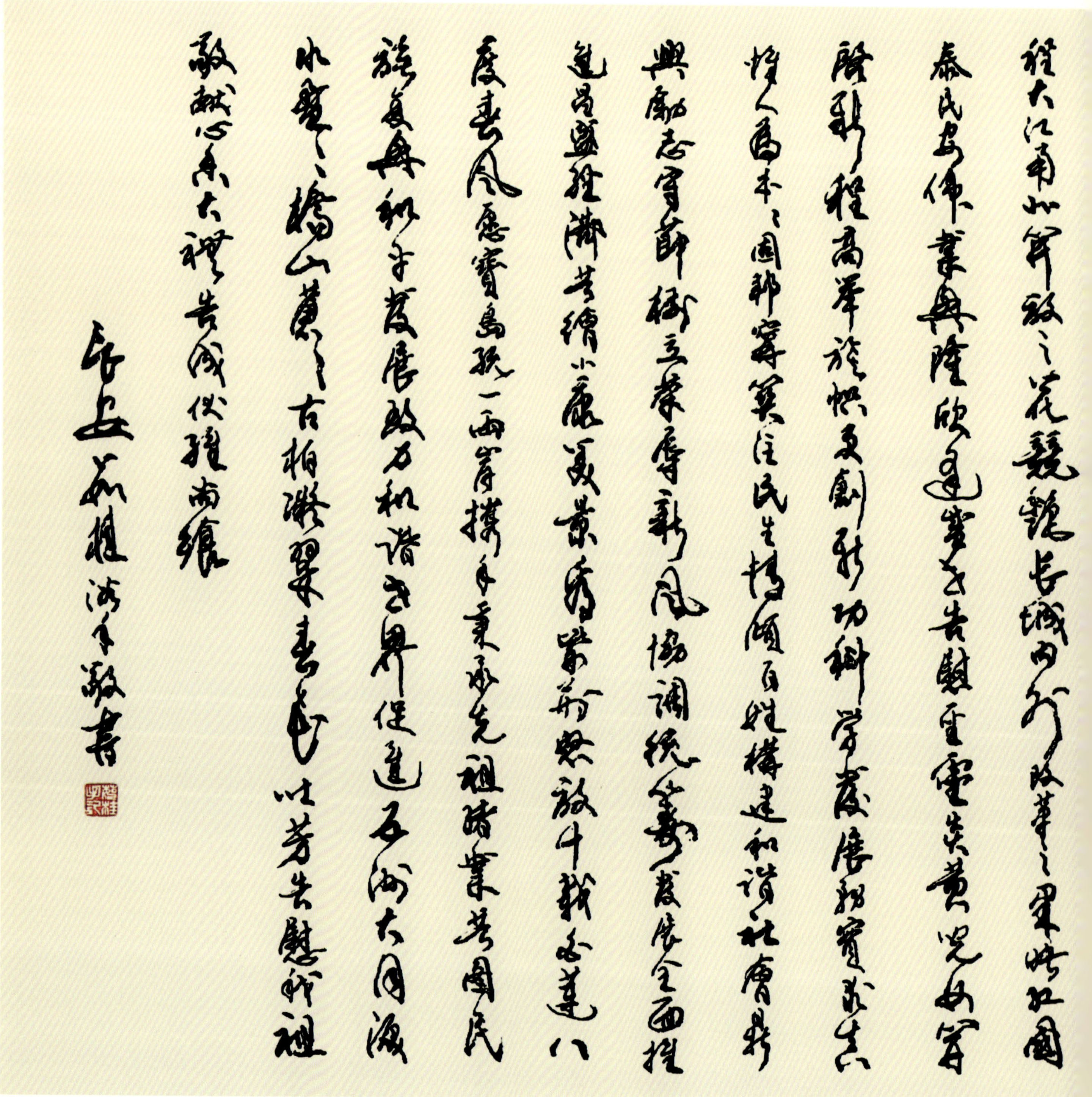

丁亥（2007）年清明公祭轩辕黄帝文

惟公元二〇〇七年四月五日，岁逢丁亥，大地回春；节届清明，万象更新。中华儿女，炎黄子孙，高奏钟鼓雅乐，敬献醴酒清醇，抒爱国之情，壮民族之魂。谨致祭于我人文初祖轩辕黄帝之陵，曰：

夫仁民则昌，德盛则兴。煌煌我祖，万世垂功；开先立极，泽被寰瀛；播谷艺桑，肇启畜牧农耕；制礼作乐，创立制度文明。足历海岱，亲政以建伟业；心劳崆峒，爱民而效圣能。舟车指南，八荒交通；州土市朝，宇内绥宁。抚度四方，万国和融。奠基华夏，百族盛兴。唯力是奉，唯德是行。懿德仁勋，世代相颂。

神州绵绵，日升月恒；中华巍巍，万里鹏程。大江南北，开放之花竞艳；长城内外，改革之果映红。国泰民安，伟业兴隆，欣逢盛世，告慰圣灵：炎黄儿

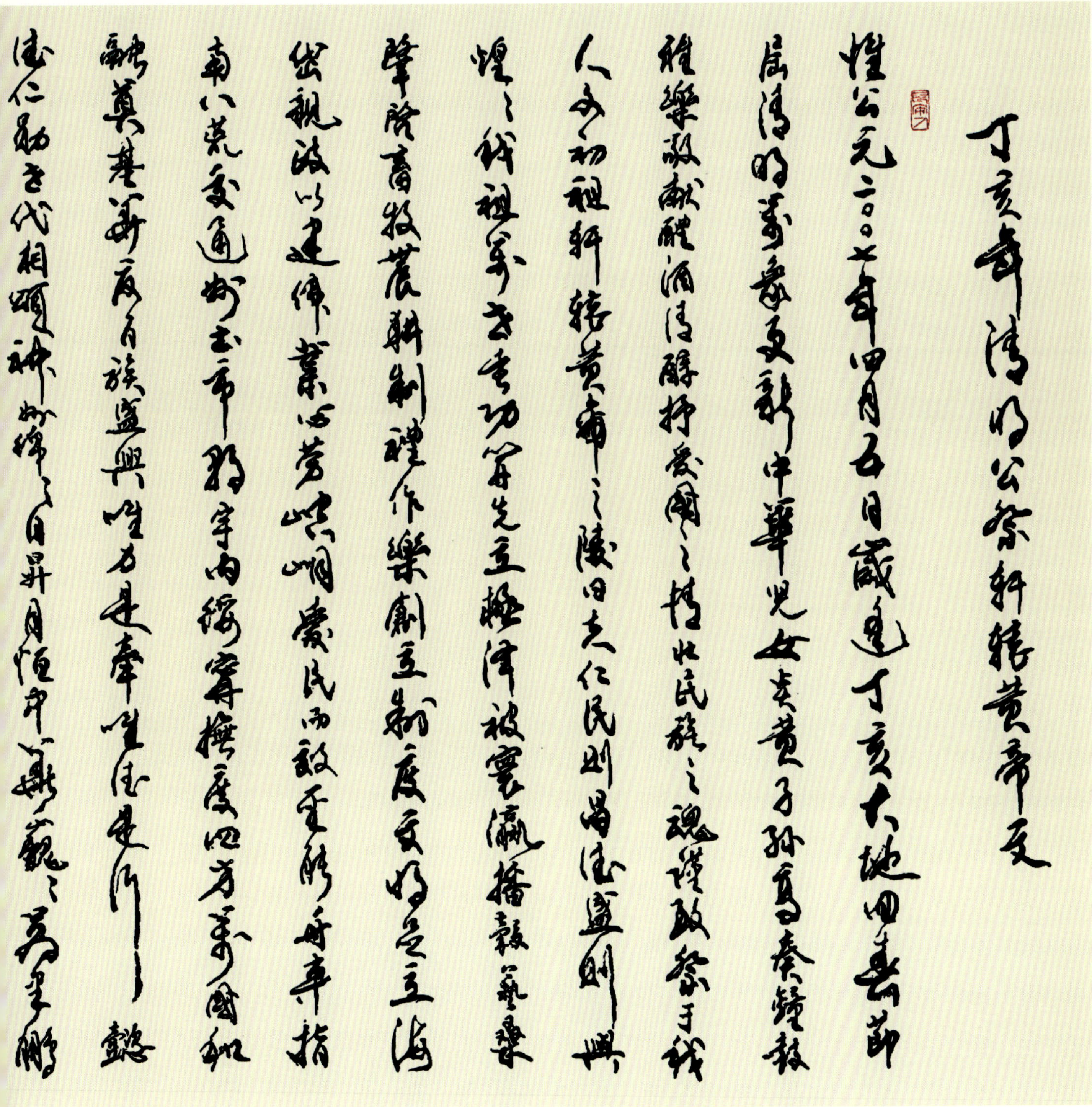

女，开启新程，高举旗帜，更创新功。科学发展，务实求真；惟人为本，本固邦宁；关注民生，情倾百姓；构建和谐，社会鼎兴。励志守节，树立荣辱新风；协调统筹，发展全面推进；昌盛经济，共绘小康美景。看紫荆怒放十载，白莲八度春风。愿宝岛统一，两岸携手，秉承先祖绪业，共图民族复兴；和平发展，致力和谐世界，促进五洲大同。

沮水盈盈，桥山苍苍；古柏凝翠，春花吐芳。告慰我祖，敬献心香。大礼告成，伏维尚飨！

书家简介：茹　桂，西安美术学院书法教育研究中心主任，教授，陕西省书法家协会名誉主席，中国书法家协会学术委员。

【重要拜谒】

2007年11月20日，国务院副总理曾培炎拜谒黄帝陵

胡锦涛同志在中共十七大报告中指出："中华文化是中华民族生生不息、团结奋进的不竭动力。"黄帝文化是中华文化的重要组成部分，5000年来，一直激励着中华儿女不断奋进，在当今社会主义文化建设中仍然占有特殊地位。纪念黄帝，祭祀黄帝，是在表达全体中华儿女尊祖敬宗的民族感情，更是在表达整个中华民族追根溯源的文化认同。纪念黄帝，缅怀先祖的丰功伟绩，对于弘扬中华民族的优秀文化传统，凝聚民族力量，增强民族团结，振奋民族精神，激励爱国热情，促进祖国统一大业，实现中华民族的伟大复兴，具有重要的现实意义和深远的历史意义。

附录：

拜谒黄帝陵记

1980年以来，党和国家领导人，中央和国家机关及各省、市、自治区领导人，各界社会团体代表和著名人士专程到桥山拜谒黄帝陵、瞻仰轩辕庙情况专记如下：

一、党和国家领导人拜谒

1984年6月7日，中共中央政治局候补委员、书记处书记、国务院副总理姚依林拜谒黄帝陵。

1986年5月25日，国务院副总理田纪云拜谒黄帝陵。

1987年9月13日，中共中央政治局委员胡乔木拜谒黄帝陵。

1988年6月7日，全国政协副主席马文瑞拜谒黄帝陵。

1990年4月19日，中共中央政治局常委、书记处书记李瑞环拜谒黄帝陵。

1991年6月13日，国务委员、国家科委主任宋健拜谒黄帝陵

1992年5月12日，中共中央政治局委员、国务委员李铁映拜谒黄帝陵。

1992年5月19日，中共中央书记处书记、政法委员会书记、最高人民法院院长任建新拜谒黄帝陵。

1992年6月12日，全国政协副主席、农工民主党中央主席卢嘉锡拜谒黄帝陵。

1992年6月27日，全国政协原副主席吕正操拜谒黄帝陵。

1992年8月15日，全国人大常委会副委员长雷洁琼拜谒黄帝陵。

1992年8月21日，国务院副总理朱镕基拜谒黄帝陵。

1993年5月25日，全国人大常委会副委员长王丙乾拜谒黄帝陵。

1994年4月，全国政协副主席孙孚凌拜谒黄帝陵。

1994年8月11日，全国政协副主席叶选平拜谒黄帝陵。

1995年5月19日，中共中央政治局常委、全国人大常委会委员长乔石拜谒黄帝陵。

1996年7月3日，中央军委副主席张万年上将拜谒黄帝陵。

1996年9月10日，中共中央政治局候补委员、国务委员、中国人民银行行长陈慕华拜谒黄帝陵。

1997年4月16日，国务委员兼国家行政学院院长李贵鲜拜谒黄帝陵。

1997年4月24日，中共中央政治局常委、中央军委副主席刘华清上将拜谒黄帝陵。

1997年6月8日，全国政协副主席杨汝岱拜谒黄帝陵。

1997年6月18日，中共中央政治局委员、国务院副总理姜春云拜谒黄帝陵。

1998年7月16日，国家体育总局局长伍绍祖拜谒黄帝陵。

1999年6月18日，中共中央总书记、国家主席、中央军委主席江泽民、国务院副总理温家宝拜谒黄帝陵，在桥山之巅，江泽民说："黄河流域是中华民族生存和发展的一个伟大摇篮，我们的先人在这里创造了灿烂的华夏文明，每一个中华儿女都感到骄傲和自豪。"

1999年11月8日，全国人大常委会副委员长、民革中央主席何鲁丽率84名九届全国人大代表拜谒黄帝陵。

2000年5月2日，中共中央政治局常委、全国人大常委会委员长李鹏拜谒黄帝陵，并为黄帝陵题词：天下第一陵。

2000年5月6日，全国政协原副主席马文瑞拜谒黄帝陵庙。

2000年5月27日，全国政协副主席李贵鲜和国家农业部、水利部等有关部门领导人拜谒黄帝陵。

2000年9月15日，全国政协副主席万国权拜谒黄帝陵。

2001年5月2日，全国政协副主席周铁农拜谒黄帝陵。

2001年7月10日，全国人大常委会副委员长、民进中央主席许嘉璐一行20人拜谒黄帝陵。

2002年5月2日，全国政协副主席钱正英拜谒黄帝陵。

2002年7月4日，最高人民检察院党组书记、副检察长贾春旺拜谒黄帝陵。

2002年9月11日，中共中央政治局常委、全国政协主席李瑞环拜谒黄帝陵。

2002年10月25日，中共中央政治局常委、国务院副总理李岚清拜谒黄帝陵。

2003年5月15日，中共中央政治局常委、中央纪律检查委员会书记吴官正拜谒黄帝陵。

2003年6月18日，中共中央政治局委员、书记处书记、中央组织部部长贺国强拜谒黄帝陵。

2003年8月5日，中共中央政治局常委、全国政协主席贾庆林，全国政协副主席王忠禹拜谒黄帝陵。

2003年8月22日，全国政协副主席阿不来提•阿不都热西提拜谒黄帝陵。

2003年8月23日，中共中央政治局常委李长春拜谒黄帝陵。

2004年4月14日，中共中央政治局委员、书记处书记、中央宣传部部长刘云山拜谒黄帝陵。

2004年6月27日，全国政协原副主席王文元拜谒黄帝陵。

2004年9月22日，全国人大常委会原副委员长、中国科协主席周光召拜谒黄帝陵。

2005年4月4日，中共中央政治局常委、全国人大常委会委员长吴邦国拜谒黄帝陵。

2005年5月3日，全国人大常委会副委员长司马义•艾买提拜谒黄帝陵。

2005年6月5日，全国人大常委会副委员长布赫拜谒黄帝陵。

2005年9月1日，原中共中央政治局委员、书记处书记丁关根拜谒黄帝陵。

2007年5月24日，全国政协副主席张思卿拜谒黄帝陵。

2007年11月20日，国务院副总理曾培炎拜谒黄帝陵。

二、中央和国家机关，各省、市、自治区领导人拜谒

1982年11月21日，中共中央宣传部副部长贺敬之拜谒黄帝陵。

1988年4月，最高人民检察院副检察长张思卿拜谒黄帝陵。

1991年9月3日，国家监察部部长尉健行拜谒黄帝陵。

1991年9月，中共内蒙古自治区委副书记、内蒙古自治区人民政府主席布赫拜谒黄帝陵。

1992年5月，山东省副省长宋法棠拜谒黄帝陵。

1993年6月30日，中国残疾人联合会主席团主席邓朴方拜谒黄帝陵。

1994年4月19日，国家卫生部部长陈敏章拜谒黄帝陵。

1994年5月9日，国家化学工业部部长顾秀莲拜谒黄帝陵。

1995年9月12日，国家卫生部部长陈敏章拜谒黄帝陵。

1995年9月20日，国家交通部部长黄镇东拜谒黄帝陵。

1995年11月1日，中国驻美利坚合众国首任大使柴泽民拜谒黄帝陵。

1995年，原中央顾问委员会委员张邦英拜谒黄帝陵。

1996年3月19日，江西省人大常委会主任毛致用拜谒黄帝陵。

1996年5月，全国政协常委，中共甘肃省委原书记李子奇拜谒黄帝陵。

1996年7月6日，国防科学技术工业委员会主任，解放军总装备部部长曹刚川上将拜谒黄帝陵。

1998年11月，国务院台湾事务办公室主任陈云林拜谒黄帝陵。

1999年6月12日，辽宁省委常委、大连市委书记、市长薄熙来拜谒黄帝陵。

1999年6月26日，国家教育部部长陈至立拜谒黄帝陵。

2000年3月20日，中共中央组织部副部长王旭东拜谒黄帝陵。

2000年4月9日，中共江苏省委副书记、省长季允石率江苏省党政代表团一行30余人拜谒黄帝陵。

2000年4月26日，国家国土资源部常务副部长孙文盛拜谒黄帝陵。

2000年4月28日，中央军委委员、解放军总政治部主任于永波上将拜谒黄帝陵。

2000年9月21日，原国务委员、公安部部长王芳拜谒黄帝陵。

2000年11月7日，贵州省副省长马文俊拜谒黄帝陵。

2001年5月10日，国家水利部副部长张基尧拜谒黄帝陵。

2001年5月20日，中共广东省委副书记、深圳市委书记张高丽拜谒黄帝陵。

2002年2月13日，河北省政协副主席赵金铎拜谒黄帝陵。

2002年4月2日，中共新疆维吾尔自治区党委常委,新疆生产建设兵团党委副书记、司令员张庆黎拜谒黄帝陵。

2002年4月23日，国家发展计划委员会副主任汪洋拜谒黄帝陵。

2002年5月22日，中共中央组织部副部长赵洪祝拜谒黄帝陵。

2002年6月30日，解放军副总参谋长熊光楷上将拜谒黄帝陵。

2002年8月30日，国家财政部部长项怀诚拜谒黄帝陵。

2003年3月12日，中共北京市委常委、组织部长赵家琪拜谒黄帝陵。

2003年4月2日，中共青海省委书记苏荣拜谒黄帝陵。

2003年5月28日，中共海南省委副书记王富玉拜谒黄帝陵。

2003年4月16日，国家水利部副部长索丽生拜谒黄帝陵。

2003年7月17日，最高人民检察院副检察长梁国庆拜谒黄帝陵。

2003年8月17日，中共广西壮族自治区委书记曹伯纯拜谒黄帝陵。

2003年8月21日，中共中央纪律检查委员会副书记刘锡荣拜谒黄帝陵。

2003年9月19日，中共中央纪律检查委员会副书记李正亭拜谒黄帝陵。

2003年9月23日，中共中央书记处书记、中央军委委员、解放军总政治部主任徐才厚上将拜谒黄帝陵。

2003年10月12日，中国科学院副院长江绵恒拜谒黄帝陵。

2003年12月10日，最高人民法院院长肖扬拜谒黄帝陵。

2004年1月8日，最高人民检察院政治部主任张常韧拜谒黄帝陵。

2004年3月4日，共青团中央书记处书记尔肯江·吐拉洪一行七人拜谒黄帝陵。

2004年4月12日，监察部原副部长左连璧一行十二人拜谒黄帝陵。

2004年10月1日，全国党建研究会会长、中央组织部原部长张全景拜谒黄帝陵。

2004年11月15日，国家铁道部副部长陆东福拜谒黄帝陵。

2005年4月9日，中央军委委员、总政治部主任李继耐上将率团拜谒黄帝陵。

2005年6月15日，中共中央委员、国家民航总局局长杨元元拜谒黄帝陵。

2005年6月19日，中国作家协会党组书记金炳华率中国作家采风团拜谒黄帝陵。

2005年9月19日，全国政协常委一行20余人拜谒黄帝陵。

2005年10月4日，中共广东省委副书记刘玉浦拜谒黄帝陵。

2006年4月18日，中共中央党校副校长石泰峰拜谒黄帝陵。

2006年5月1日，西藏自治区党委副书记、纪委书记布穷拜谒黄帝陵。

2006年8月2日，国务院台湾事务办公室主任陈云林拜谒黄帝陵。

2006年8月3日，河南省委原副书记、省政协原主席范钦臣拜谒黄帝陵。

2006年8月4日，国家行政学院党委书记、副院长姜异康，副院长袁曙宏等拜谒黄帝陵。

2006年8月20日，国家劳动部副部长刘永富拜谒黄帝陵。

2006年9月10日，文化部副部长周和平拜谒黄帝陵。

2007年4月4日，中共山东省委书记李建国拜谒黄帝陵。

2007年5月30日，国家广播电视总局局长王太华拜谒黄帝陵。

2007年8月7日，国家税务总局局长谢旭人拜谒黄帝陵。

2007年8月8日，江苏省省长梁保华拜谒黄帝陵。

2007年9月22日，海关总署署长牟新生拜谒黄帝陵。

三、社会团体、著名人士拜谒

1988年1月18日，台湾爱国人士何文德率“台湾老兵返乡探亲团”，拜谒黄帝陵。

1991年10月15日，全欧崇正总会联合会220人拜谒黄帝陵。

1995年8月24日，台湾和平小天使访问团一行74人拜谒黄帝陵。

1996年4月，国际奥委会执委会委员、文化委员会委员何振梁拜谒黄帝陵。

2000年9月18日，诺贝尔物理学奖获得者、美籍华人杨振宁拜谒黄帝陵。

2000年1月31日，凤凰卫视千禧之旅摄制组一行拜谒黄帝陵。

2003年9月16日，正大企业国际有限公司董事长谢吉人率团拜谒黄帝陵。

2005年5月6日，台湾亲民党主席宋楚瑜率亲民党大陆访问团拜祭黄帝陵。宋楚瑜感言：“炎黄子孙不忘本，两岸兄弟一家亲”。

2006年9月12日，原台湾光复致敬团后人一行19人拜谒黄帝陵。

2006年12月29日，“华夏园丁大联欢”一行420人拜谒黄帝陵。

编 后 记

黄帝时期是五千年中华文明启蒙与发展的源头。轩辕黄帝是中华民族的“人文初祖”，历来受到华夏各族人民的尊崇和景仰。

祭祀轩辕黄帝是中华民族的历史文化传统，其肇始于黄帝逝世之时，经过夏、商、周三代，历经战国、秦、汉、魏晋南北朝、隋、唐、宋、金、元、明、清、中华民国，历代不辍，延续至今。据史载：在今陕西省黄陵县桥山黄帝陵祭祀黄帝，始于西汉武帝，自此奠定了桥山作为中华民族精神家园和民族圣地的崇高地位。

中华人民共和国成立后，共产党人继承民族传统，继续在桥山黄帝陵祭祀黄帝。尤其是在改革开放后的1980年以来，桥山迎来了海内外同胞共祭黄帝的盛况。每年草木葱茏的清明时节，有国家领导人参加的、在黄帝陵前举行的盛大祭祀活动，成为弘扬中华文明，凝聚民族团结，期盼祖国统一，实现中华民族伟大复兴的盛典。

作为一项重大礼仪活动，不同时代的黄帝祭祀，既是对优良传统的继承，又表现出各自的时代特征。从历史的角度，全面、系统、真实、形象地反映当代祭祀黄帝的宏大场景，反映改革开放以后在神州大地上出现的空前盛世的壮丽画卷，进一步继承和发扬黄帝的开拓创新精神，促进经济又好又快发展，努力建设和谐社会等，都具有重要的现实意义和深远的历史意义。

有鉴于此，2007年6月，中共陕西省委常委、常务副省长、省清明公祭轩辕黄帝陵典礼筹备工作委员会主任赵正永提出：陕西应编纂一部真实、全面、系统地记录在黄帝陵公祭轩辕黄帝活动的图志，以反映中国各族人民包括港澳台同胞和海外侨胞，热爱祖国、崇敬始祖、维护中华民族团结、期盼祖国完全统一和中华民族伟大复兴的炽热感情。

据此，陕西省清明公祭轩辕黄帝陵典礼筹备工作委员会办公室（以下简称“省祭陵办”）于2007年7月17日提出《关于编纂〈黄帝祭祀大典图志〉（1980～2007）的意见》。经省政府领导批准，决定成立《黄帝祭祀大典图志》（1980～2007）编纂委员会。编委会名誉主任由中共陕西省委副书记、省长袁纯清担任，编委会主任由中共陕西省委常委、常务副省长、省公祭黄帝陵工作委员会主任赵正永担任，编委会副主任由陕西省人民政府秘书长秦正、副秘书长蒋跃担任，编委会委员有陕西省旅游文物领导小组办公室、黄帝陵管理局、黄帝陵基金会、延安市人民政府、黄陵县人民政府的负责同志。编委会下设

《黄帝祭祀大典图志》编辑部，省祭陵办副主任苏宇任编辑部主任。根据编纂工作需要，聘请省地方志办公室副主任、编审董健桥，省书法家协会副主席路毓贤，西北大学教授、博士生导师刘宝才为顾问。

《黄帝祭祀大典图志》编辑部成立后，即着手开展工作，走访有关专家。在认真研究吸取各方建议的基础上，制定了工作规划和编纂方案。

编纂工作的主要内容是“图”的搜集、整理、筛选、编排，邀请书法家以多种书法艺术书写祭文以及记述性文字的编写。

“图”的搜集，由于时间跨越近30年，搜集工作难度很大。编辑部派员先后赴北京、延安、黄陵等地，多方查阅。陕西日报社、黄帝陵管理局、黄陵县文化馆、黄陵县档案局、《黄陵文典》编纂委员会办公室、黄帝陵基金会等单位都给予了大力支持。陕西日报社副社长张若愚、黄帝陵管理局常务副局长刘云峰，积极帮助搜集图片并联系有关部门和摄影专家。中国老摄影记者联谊会副会长、陕西省摄影家协会原副主席、陕西日报社主任记者郃宗武，陕西日报社摄影部副主任、主任记者黑枫，黄陵县文化馆馆长石荣海，黄陵县对外宣传办公室主任王春梅，黄陵县外事办公室干部李振远，黄陵县炎黄文化研究会执行会长兰草倾其所有，全力支持。黄陵县文化馆原副馆长、现在京工作的王桂生，在繁忙工作之余帮助查找资料。中国石油管道公司高级工程师、中国摄影家协会会员崔晋新专程从河北廊坊赶赴西安，帮助搜集资料。著名建筑大师、中国工程院院士张锦秋，摄影家惠怀杰，北京华夏故土情传媒有限公司总经理马振兴也给予了诸多帮助。

为提高本《图志》的文化内涵，展示陕西文化资源，编辑部在省书法家协会副主席路毓贤、理事卫双良的帮助下，邀请了29位书法家书写了1980～2007年的28篇公祭祭文和《史记·五帝本纪》节选。书法家们认真规划，细心书写，精益求精。擅长书法的时任陕西省人大常委会副主任白云腾，时任陕西省政协副主席张保庆，时任中共陕西省委秘书长王改民，亦欣然奉献了他们的佳作。书法家们的作品不仅增强了本《图志》的艺术品位，也使本《图志》具有了珍贵的收藏价值。

本《图志》编辑工作，得到了省地方志办公室副主任董健桥编审，西北大学刘宝才教授、李志慧教授的有力支持、帮助和指导。著名文艺理论和古典文学研究专家、年近九旬的陕西师范大学霍松林教授，不但为本《图志》奉献了书法作品，还对编辑工作提出了宝贵意见。

2007年11月底，在完成“图”的搜集、祭文书法艺术作品的书写和文字编写工作后，编辑部着力进行编排设计，力图充分体现黄帝祭祀的文化内涵。

本《图志》样书完成后，编辑部邀请了有关专家学者反复审阅，集思广益，认真修改。随后，又请省地方志办公室副主任、编审董健桥作为主审，进行了全面审读，最后送请编委会领导审定批准。2008年1月，由中国文史出版社出版，西安煤航信息产业有限公司印制。

本《图志》编辑过程中，省长袁纯清给予了高度重视和关切；常务副省长、《图志》编委会主任赵正永运筹帷幄、鼎力支持，并为本《图志》作《序》；省人民政府秘书长秦正、副秘书长蒋跃直接领导了编辑部工作；省旅游文物领导小组办公室主任辛建伟给予了诸多指导。

《图志》编辑部工作人员在坚持完成本职日常工作外，全力以赴，夜以继日投入《图志》编纂。省祭陵办副主任、《图志》编辑部主任苏宇做出了细致的工作规划，完成了图片的搜集和文字资料的编写，以及大量组织、协调等工作。编辑部工作人员李鹏完成了大量繁重的技术性工作，并协助对外联络，往返奔波，颇为辛苦。其他工作人员也都做出了很多贡献。这部《图志》的编纂完成，的确凝聚着各位领导、各位同仁的聪明才智和汗水心血。

在此，谨向所有关心、支持本《图志》编辑的各位领导和各界人士表示衷心的感谢！

由于图片等资料搜集存在着诸多困难，加之时间紧，任务重，工作量大，人手少，更因为编辑部工作人员思想水平、业务水平有限，本《图志》难免有不当之处，敬期广大读者批评指正。

《黄帝祭祀大典图志》编辑部

二OO八年一月